顔をなくした数学者

顔をなくした数学者

数学つれづれ

小林昭七
Shoshichi Kobayashi

岩波書店

目 次

I 数学つれづれ　1
純粋と応用／数学の美を感じさせる証明／なぜ10進法なのか／山を愛した数学者／便利な世の中／奇人・変人が多いのか,数学者には

II 数学史余聞　29
数学一家／数学者の名と顔／顔を失った二人の数学者／微分記号の誕生／テンソル解析の記号／名は二人

III ギリシャ数学の魅力　61
古代ギリシャ数学をたずねて／リンカーン大統領とユークリッド／ユークリッドの『原論』／2次方程式を解く／ピラミッドとプリズム／地球の大きさを測った男／アルキメデスとキケロ／アルキメデスの墓碑に書かれた図形／無限小を考える／アルキメデスと球の体積

IV 数学と教育　105
数学サークル／国際数学者会議(ICM)／ICMと私／数学者と政治家／数学教育

昭七兄の思い出 ●小林久志　128
編者後記にかえて ●落合卓四郎　138
《資料》前期課程数学の外部評価報告書(一部抜粋)　147
略年譜　155

I

数学つれづれ

純粋と応用

　数学を純粋数学と応用数学とに分けるときがある．たとえば，大学に数学科以外に応用数学科というのがあるときは，数学科とは純粋数学科を意味する．数学科だけで，応用数学科がない大学でも，必須課目によって，応用数学プログラムを作り，応用数学専攻の学生を区別しているところもある．

　では純粋数学と応用数学とはどのように違うのだろうか．一般的に言って，幾何（トポロジーを含む），代数（数論を含む），解析（微積分，関数論，関数解析など）という大きな3分野で表わされるものが純粋数学であると考えられ，他のものは応用数学と考えられているようだ．確率論のように一部は純粋数学，一部は応用数学と考えられ，境界がはっきりしない場合もある．

　世間一般の人は数学の分野には詳しくないから，純粋数学とは抽象的で役に立たないもので，応用数学は実世界と結びついた役に立つ数学であるという捉え方をしている人もいる．しかし，役に立つとか，立たないとかいうのはどういうことなのだろうか．

　純粋数学の中でも特に純粋と考えられていた数論が暗号理論で本質的役割を担っていることは今ではよく知られている．それなしでは銀行のシステムが成り立たないのだから役に立つとか立たないとかどころではない．数学者自身，貴方が研究され

ていることはどのようなことに役立つのですか，と尋ねられたとき，いや，何の役にも立ちませんよと答えたりするが，その時点では知的好奇心でやっているだけで，実用化されると思っていないという意味である．

　後でどのような応用があるか，まったく分からない，役には立たないけれど，少なくとも世の害にはならないと言った数学者もいた．第1次大戦は化学，第2次大戦は物理学による戦争だったが，次は数学による戦いだと言う人もいる．本当に先のことは分からないものだ．

　そもそも，古代ギリシャ以来，数学と天文学と力学は兄弟のようなものである．ニュートン(1642-1727)の微積分は天体の運動を説明するために創られたようなものだし，5巻から成る『天体力学』(*Mécanique Céleste*)を著したラプラス(1749-1827)は数学者であると同時に天文学者であった．有名なガウス(1777-1855)の曲面の微分幾何はハノーバー公国の測量という任務が動機となって創られた理論である．ポアンカレ(1854-1912)も純粋数学のいろいろな分野で活躍しただけでなく，3体問題など，天体力学にも貢献した物理数学者でもあった．

　20世紀に入ると一人で何でもできる数学者はワイル(1885-1955)を最後にいなくなったが，それでも数理物理と幾何の絆は強く，微分幾何が専門なのか物理が専門なのか分からない人が今でもいる．このように，純粋数学と応用数学というように対立させ，分けて考えるほうが不自然なのである．

　同様に，いくつかの例で見るように，役に立つ数学と役に立たない数学という分け方も不自然である．ただし知的好奇心で

研究するのと，実社会で役に立つことをするという目的で研究することの違いはある．

　数学の研究は，自然科学などと較べて費用はかからないとは言え，研究者の生活を支え，研究のための旅行とか経済的支援が必要なのは言うまでもない．政府は，すぐ役に立つかどうかという短期的な目で見たり，利益を第一に考えたりせず研究費を出してほしいものである．当初何の役にも立ちそうもない研究がのちのち想像もできなかった利益をもたらすことがある．もちろん，これはすべての科学について言えることで，DNAの発見だって，研究の動機は生命の神秘を解明したいという知的好奇心であって医学に役立てようということではなかったであろう．

　しかし政府が出す研究費は国民の税金が原資である．多くの国民は必ずしも楽しいとは限らない労働をして稼いだ中から税金を払ったのである．知的好奇心で研究しているわれわれは寸時もそのことを忘れてはならない．結局はいつまで経っても何の役にも立たない研究かも知れないのである．社会に対する返礼として，少なくとも次の世代を育てるための教育には真面目に力を尽くさねばならない．

数学の美を感じさせる証明

　数学嫌いの人，数学を無味乾燥なものと考えている人には，「数学」と「美」と言われても奇異な組み合わせとしか思えないかも知れない．ピアノ一つ弾けなくても美しい音楽を楽しめるし，画筆を持ったことがなくても東西の絵画を鑑賞できる．「芸術」と「美」なら自然な組み合わせと誰でも思う．また，自然の中にも花，鳥，蝶など美しいものはいたるところに見られる．夜空に輝く星を美しいと感じて天文学を志した人，詩人になった人もいるだろう．

　数学の何が美しいかを数学の素人に説明するのは難しい．数学者はよく「美しい定理」だというような言い方をする．「美しい」というのは最高の賛辞なのである．「役に立つ」というよりもである．

　では，どのような定理が美しいのであろうか．まず誰にでも説明できるような単純明快に述べられること．たとえば300年も前にフェルマーが述べ，数年前にやっと証明された「フェルマーの最終定理」のことは新聞記事にもなり，一般の人向けの解説書も出ているので知っている人も多いと思う．

　n を3以上の自然数($n=3, 4, 5, 6, \cdots$)とするとき，$x^n+y^n=z^n$ となるような自然数 x, y, z は存在しないという定理である．

　$n=2$ の場合には $3^2+4^2=5^2$, $5^2+12^2=13^2$ のように自然数

解がある(実際，$n=2$ の場合には，すべての整数解 (x, y, z) を決定することはやさしい．$x^2+y^2=z^2$ を満たす (x, y, z) は z を斜辺とする直角 3 角形の辺の長さに相当するので，ピタゴラスの定理との関連から，ピタゴラス数と呼ばれる)．証明は難解だが定理の言わんとするところは簡明である．

良い定理は一部の人の好奇心を満たすだけで，成り立っても成り立たなくても構わないというようなものであってはならない．当初，フェルマーの最終定理は，証明できたら結構なことだが，できても，どうということもないと考えられていた．問題自身のわかりやすさから多くの人の興味を引いていたのである．ところが，半世紀以上も前のことになるが，二人の日本の数学者，志村五郎と谷山豊が，フェルマーの最終定理を数学の大きな流れの中に位置付け，成り立つべき定理，成り立ってくれないと困る定理としたのである．

G. H. ハーディ(1877-1947)は『一数学者の弁明』(A mathematician's Apology, 柳生孝昭訳, みすず書房, 1975)という一般向けの著書の中で，最も美しい定理の例として次の 2 つのギリシャ時代の定理を挙げている．

1 番目は「$\sqrt{2}$ が分数として書けない」という定理で，これはよく中学や高校の数学にも出てくる．$\sqrt{2}=\dfrac{m}{n}$ と分数として表わされるとする．このとき，約せるだけ約して，m と n には公約数がないようにしておく($\dfrac{9}{6}$ なら $\dfrac{3}{2}$ とするということである)．

$\sqrt{2}=\dfrac{m}{n}$ の両辺を 2 乗すると $2=m^2/n^2$，すなわち $m^2=2n^2$ となる．右辺 $2n^2$ は偶数だから m^2 も偶数である．したがって

m は偶数である(なぜなら,奇数の 2 乗は奇数だから),$m=2k$(k は適当な正の整数)と書くと,$m^2=2n^2$ は $4k^2=2n^2$ となる.両辺を 2 で割って $2k^2=n^2$ となる.左辺 $2k^2$ は偶数だから右辺 n^2 も偶数.したがって n も偶数.m も n も偶数だと 2 が公約数で,m と n には公約数がないとしたはじめの仮定に矛盾.よって $\sqrt{2}$ は分数では表わせない.

このように,証明したい主張を否定することから矛盾が得られるので,主張が正しいとする証明法(背理法)はユークリッドの『原論』ではよく使われている(古代ギリシャの数学者ユークリッドの『原論』については第 III 部を参照).

古代ギリシャのピタゴラス学派は自然数と分数(分数は自然数の比と考えられた)で充分と考えていたので,一辺の長さ 1 の正方形の対角線の長さという幾何学的にも基本的な量 $\sqrt{2}$ が分数として表わせないと知って困惑し,箝口令をしいて,この事実を秘密にしようとしたと言われている.

第 2 の例は素数が無限にあるという定理である.素数とは 2, 3, 5, 7, 11, 13, 17, 19, 23, 29, … のように 1 とそれ自身以外の自然数では割り切れない数のことである(21 は 3 と 7 で割り切れるから素数でない).29 の後,さらに続けていくと,素数の頻度が減ってくるので,そのうちに素数は出てこなくなるのではと思えるが,いつまでも出てくるというのがこの定理である.2, 3, 5, …, P と有限個しか素数がないと仮定して矛盾を導く.すなわち P を最大の素数と仮定する.

$$Q = (2 \cdot 3 \cdot 5 \cdot \cdots \cdot P) + 1$$

と Q を定義する．P を最大の素数としたから，（P より大きい）Q は素数ではあり得ない．したがって，Q はいずれかの素数で割れる．しかし，Q の定義から分かるようにどの素数で割っても 1 余る．これは矛盾である．

この定理は美しいというだけでなく，その後の数学の発展に大きな影響をもたらした深みのある定理なのである．17 世紀になって，オイラーが素数の逆数 $\frac{1}{2}, \frac{1}{3}, \frac{1}{5}, \frac{1}{7}, \frac{1}{11}, \cdots$ の和が無限大になることを証明して素数が無限にたくさんあることを証明し，それがゼータ関数と呼ばれる関数を生んだ．この関数の研究は現代数学の重要課題の一つである．

ハーディが挙げたこの例は，そういう意味で非常によい例なのだが，素数という概念を知らない一般人にとってはやさしい例でないかも知れない．そこで，深みはないけれど，アイデアの美しさを誰にでも説明できる問題を紹介する．

図 1 のように正方形を縦，横 4 等分して 16 個の小さい正方形に分ける(6 等分して 36 個の正方形に分けても，10 等分して 100 個の正方形に分けてもよい．図を簡単にするため 4 等分しただけである)．左上隅と右下隅の黒い正方形を切り捨てると白い正方形が 14 個残る．小さい正方形を 2 個ずつつないだ(ドミノのような)形の長方形を 7 枚用意して，14 個の白い正方形の部分をぴったり覆うことができるかという問題である．4 等分の場合だといろいろ試すことによって解けるかも知れないが，10 等分したら手に負えない．

ここで，ヒントはチェス盤(チェッカー盤)を思い浮べてもらいたい．日本の将棋盤と異なる点は，16 等分された正方形が

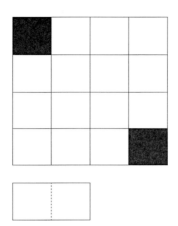

図1 数学の美を感じる問題

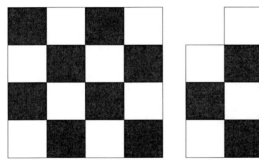

図2 美しいアイデアの一例

交互に白黒白黒と塗られていることである(図2の左).もちろん,日本の将棋盤は9等分されているが,ここではそのことは重要ではなく,交互に白黒と色がついていることがかんじん.そもそも,奇数等分されている場合は正方形の数を数えるだけ

I 数学つれづれ

で答はノーであることは明らかなので,チェス盤のように偶数等分されている場合だけ考えればよい.

図2左のように左上隅が黒いと右下隅も黒いから,その2つを除くと白い正方形のほうが多くなる(図2右).だから(白い正方形と黒い正方形をつないだ)ドミノでは,ぴったり覆うことはできない.

この問題は色とは無関係であったが,白黒と塗り分けることにより,答がノーであることは一目瞭然になってしまった.色を導入するというアイデアが美しいアイデアの一例である.残念なのは,この問題が解けたからといって数学に何の影響も及ぼさないから,素数の無限性とは較べものにはならない.

なぜ 10 進法なのか

　現在，われわれは数を表わすのに 10 進法を使っている．改めて説明するまでもないだろうが，314 とか 2028 というのは

$$3\cdot 10^2+1\cdot 10+4, \quad 2\cdot 10^3+0\cdot 10^2+2\cdot 10+8$$

を表わしている．2028 の最初の 2 は $2\cdot 10^3=2000$ を表わし，同じ 2 でも次の 2 は $2\cdot 10=20$ を表わす．10 進法を使うようになったのは，人類の手の指の数が 10 であるというまったく生物学的理由からである．

　片方の手に指が 5 本あるから，当然 5 進法というのも考えられる．いろいろな数学史の本によれば，5 進法を使っていた部族もあちらこちらにいたようである．日本の算盤などは，10 進法と 5 進法が混ざったようなものである．4 以下の数ならひと目見て直ぐ分かるが 7 とか 8 とかになると数えないと分からない．だから 5 進法を 10 進法と組み合わせると便利だというわけである．

　2 進法は 0 を off に，1 を on に対応させることにより，コンピューター・テクノロジーにとって欠かせないものになった．しかし，1, 2, 3, 4, 5, 6, 7, 8, 9 を表わすのに

　　1, 10, 11, 100, 101, 110, 111, 1000, 1001

と急激に桁数が増える．千を表わすには10桁，万を表わすには14桁も必要である．頭や手で計算するには，このように桁数の多い2進法は，コンピューター以前には使われていなかったと思っていたところ，それほど多くの物を数える必要のなかった古代には，2進法を使っていた部族がいたことを知って驚いた．

逆に10以上の数を底とする数え方もある．人間が裸足だった頃は足の指も使って，20を単位として数えた名残が現在のフランス語に見られる．20をvingt（ヴァン）と言うが，80はquatre-vingt（キャートル ヴァン）($4×20$)，90はquatre-vingt-dix（キャートル ヴァン ディス）($4×20+10$)という言い方をする．これと似たような数え方は他にも見られるそうである．英語には20を意味するscore（スコア）という言葉が残った．

12単位で数える方法は12が2, 3, 4, 6で割り切れるという便利さの故に古代あちらこちらで使われたとされている．今でも，12インチには1フート，1インチの1/12にはラインという単位が使われている．ラインというのはあまり聞かない言葉だが，物差しでは1インチを12に分けた目盛りが付いている．重さの単位では，通常16オンスを1ポンドとするが，12オンスを1トロイ・ポンドと呼び，金銀の目方に使う．

以上，いずれも主にアメリカで使われている単位だが，日本で使っている10進法のメートル法のほうが合理的であることは明らかである．アメリカ流の12進法を使っていたカナダもメートル法に変えた．

12はいろいろな数で割り切れて，日常的なことには便利かもしれないが，数学では素数(1とそれ自身でしか割り切れな

い数)のほうが便利なのである.p を 2, 3, 5, 7, 11, … のように素数として,p 進数の理論があるほど素数を底とした数は数論で重要な役割りを果たすのである.

はじめ 10 進法を説明したとき,自然数の場合だけ例としてとったが,もちろん小数でも通用する.たとえば,3.14 は $3+1\cdot 10^{-1}+4\cdot 10^{-2}$ を意味する.

例として,5 進数を考えてみる.10 進法の 2028 を 5 進法で書くには,$5^2=25$,$5^3=125$,$5^4=625$ を頭に入れておくと,$2028=3\cdot 5^4+1\cdot 5^3+1\cdot 5^2+3$ となることが分かる.したがって,5 進法では 3113 ということになる.

$10^n=2^n5^n$ だから,10 進法の数を 5 進法で表わすには 2^n を 5 進法で表わせばよい.2, 2^2 は 5 進法でも 2, 4 であるが $2^3=8=1\cdot 5+3$ だから 2^3 は 5 進法では 13 である.2^4 はその 2 倍だが掛け算をするとき,5 ごとに繰り上げなければいけない.なぜなら 13×2 の掛け算で $3\times 2=6=5+1$ は 5 進法では 11 だから,13×2 は 5 進法では 31 となる.念のためだが,$2^4=16=3\cdot 5+1$ と一致する.同様に 31×2 は 5 進法では 112 だから 2^5 は 5 進法で 112($=5^2+5+2$)である.このように

$$2,\ 2^2=4,\ 2^3=13,\ 2^4=31,\ 2^5=112,\ 2^6=224,$$
$$2^7=1003,\ 2^8=2011,\ 2^9=4022,\ 2^{10}=13044,\ \cdots$$

と続けても,残念なことに,一般の 2^n の 5 進法表示は見えてこない.

一方,

$$\frac{1}{2} = \frac{2}{5} + \frac{2}{5^2} + \frac{2}{5^3} + \frac{2}{5^4} + \cdots$$

だから 2^{-1} は 5 進法では $0.2222\cdots$ である．同様に 5 進法では

$$2^{-2} = 0.1111\cdots, \quad 2^{-3} = 0.030303\cdots,$$
$$2^{-4} = 0.012401240124\cdots,$$
$$2^{-5} = 0.0034231200342312\cdots$$

という循環小数になる．

このように 5 進数と 10 進数，または 2 進数との間の関係でさえも簡単ではない．まして，一般の p 進数と q 進数の間の関係は複雑であることは予想される．

山を愛した数学者

　山が好きな人種と海が好きな人種がいる．数学者は山型である．山に登らなくても，歩くのが好きな人は多い．数学は紙と鉛筆でなく歩きながら考える人が多い．一人で考えながら歩いたり，気の合う友人と歩きながら数学を論じたりする．著名な数学者で，本格的な登山家もいる．残念なことに山で命を失った人もいる．

　フランスの天才ジャック・エルブラン(1908-1931)は 21 歳にして E. ヴェシオ(1865-1952)のもとで博士号(Ph.D.)をとり，基礎論，類体論などで重要な仕事を残し，23 歳でフレンチ・アルプスで遭難してしまった．

　1930 年代のプリンストン大学と高等研究所を知っている数学者を主にアルバート・タッカー(1905-1955)がインタビューして "Oral History of Princeton Mathematical Community in the 1930's" として記録に残している．タッカーはレフシェッツのもとで 1932 年に Ph.D. をとり，1933 年から 1970 年の間，プリンストンで教え，そのうち 20 年間は数学教室主任だったから，この計画には最適の人だった．

　なかでも特にハッスラー・ホイットニー(1907-1989)のインタビューは面白い．1931/32 年を政府の給費研究者としてプリンストン大学でレフシェッツおよびアレクサンダーの監督のも

とに過ごし，1932年ハーバード大学でジョージ・バーコフの学生としてPh.D.をとった．長いことハーバード大学で教えた後，1952年にプリンストン高等研究所の教授になった．

トポロジーの分野には，シュティーフェル–ホイットニー類という概念やn次元多様体は$2n+1$次元ユークリッド空間に入れられるというホイットニー埋め込み定理など彼の名の付いたものがある．

このインタビューは1984年4月10日彼の研究室で行なわれたものである．1931/32年を振りかえり，数学の研究ではレフシェッツに頻繁に会ったが，ある意味では，登山という共通の趣味を通してアレクサンダーに気持の上では近かったというようなことを喋っている．ホイットニーが学生時代(1929年)に従兄のギルモアと登ったニューハンプシャー州の山にはホイットニー–ギルモア尾根(Whitney-Gilmore Ridge)という名が付いている．

一方，ジェームス・アレクサンダー(1888-1971)はオスワルド・ヴェブレン(1880-1960)のもとでPh.D.をとり，プリンストンで一生を送った．アレクサンダー双対性，アレクサンダー–スパニエのコホモロジー，結び目理論のアレクサンダー多項式などトポロジーの分野に名を残した．コロラド州のロッキー山脈の頂上(4346 m)に到達するのにアレクサンダーのチムニーと呼ばれるアイス(氷)ルートがある．

アレクサンダーがいた当時，プリンストン大学の数学教室があったファイン・ホールの3階の研究室の窓はロックされてなくて，彼はよく建物の外壁を登ったり降りたりして出入りし

たという話が語り伝えられている．山登りの好きなホイットニーがアレクサンダーに親しみを感じたのも分かる気がする．現在の数学教室は十数階建てのニューファイン・ホールにあるから，アレクサンダーは今だったら大喜びしたことだろう．

小平-スペンサーの複素構造の変形理論で知られるドナルド・スペンサー(1912-2001)はコロラド生まれだったので，アレクサンダーのことをはじめは登山家だと思っていたらしく，数学者であることを知らなかったそうである．因みに，コロラドの山にスペンサーのピーク(3989 m)と呼ばれる頂きがあるが，これは登山家としてではなく，コロラドの自然保護に尽くした故郷の著名人としてのスペンサーを州議会が表彰する意味で命名したものである．

ド・ラムのコホモロジーで有名なジョルジュ・ド・ラム(1903-1990)はスイスの数学者であるが，登山家としても有名である．登山家のクラブで招待講演をしたり，クラブの雑誌に登山についての記事が載ったりしたこともあるようだ．私がプリンストンの研究所にいた頃(1956-58年)，ド・ラムもプリンストンに来ていて，週末にはニューヨークの北のほうへロック・クライミングに若い連中を引き連れて出掛けることもあり，奥さん方はあまりいい顔をしていなかった．また，ド・ラムとホイットニー親子の3人でアレクサンダーのチムニーを登った．一つの山で3人の著名な数学者の名が結び付いた．

数学の歴史に名を残し，好きな山にも登り，天寿を全うした人は幸せだが，エルブランのように，山で逝った若き天才もいる．私にとって身近なところでは，MITのアンブローズのも

とで,1962年に On the index theorem(指数定理について)(Amer. J. Math., 1963年に発表)という学位論文を書いて,2年間ほどカリフォルニア大学バークレー校のポストドクをした後,カナダの大学で教えたリーフ・パターソンがいる.彼は若くして1976年にカナダのブリティッシュ・コロンビアで登山中,雪崩のため遭難してしまった.カナダの数学会誌 Canadian J. Math.(1975)に出た Connexions and Prolongations(接続と延長)が彼の最後の論文だと思う.この仕事については彼がまだバークレーにいた頃,何回も議論した.彼は本格的な登山家で,1975年にはエベレストより難しいとされる K2 の頂上を目指した5人のグループのメンバーだったが,悪天候のため6100 m まで登ったところで引き返さねばならなかった.その翌年,彼は遭難してしまったので,1978年そのグループが再度挑戦して成功したときには参加できなかった.

やさしい八ヶ岳(2899 m)にしか登ったことのない私には命を賭けてまで登る山の魅力も魔力も分からない.

便利な世の中

　技術の進歩により世の中はいろいろと便利になった．しかし，そのため昔はよかったと思うこともある．たとえば，新幹線は窓が開かないし，そもそも停車時間も1,2分しかないから，駅弁を窓から買う楽しみもなくなった．今は横浜のあたりで焼売（しゅうまい），浜名湖を過ぎる頃に鰻弁当を売子が車内で売りにくるようになったが，なんとなく感じがでない．長野新幹線などは横川を通らなくなったので名物の峠の釜めしを食べたいと思ったら，列車に乗る前に駅で買う必要がある．

　また，東京-大阪間程度の距離だと，朝早く家を出れば出張先で一仕事終えて夜には帰宅できるようになった．おかげで会社はホテル代を節約できるが，生活が忙しくなったとぼやく年配のビジネスマンもいる．

　学会なども，最終日は午前中だけというのが普通になった．半日あれば相当遠くの家でも帰宅できるからである．一晩のホテル代が節約できる代りに，最終日に夕食を共にしたり，飲みながら雑談と学問の話をするという楽しみが失われた．

　昔は自分の大学から休みをもらって，数ヶ月とか1年余他所（よそ）の大学とか研究所で過したときは，自分の大学の雑用から切り離されて，研究に専念できたものである．しかし，コンピューターの進歩とe-mailのため，雑用はどこまでも追っかけて

くるようになった．国内にいようが，外国にいようが関係ない．これも便利になったと同時に不便になった例である．

1980年代後半になってTeX(テフ)が普及するまでは，和文の論文や本は原稿用紙に，手紙や欧文の場合はタイプすることになっていた(TeXとは，D.クヌースの開発した数式組版ソフトウェア．数学では，論文，書籍などあらゆる文書がTeXを使って書かれている)．非常にきれいに読みやすく書かれていれば手書きの英語の原稿でも受け付ける出版社もあった．

添字のついたx_iのような記号をタイプするには，半行だけずらしてiを打つか，iを手書きで入れた．ギリシャ文字は手書きした．そのうちに，IBMのタイプライターはギリシャ文字や積分記号$\int$のように使用頻度の高い記号の付いた金属球を取り付けたり，取り外せるようになった．ただ素人には使いこなせず，講義録を体裁よく作るときタイピストに頼んだ．コピー機もなかったから，カーボン紙を間に挟んだ用紙4,5枚を重ねてタイプした．一番下の1,2枚の文字は薄く読みにくかった．1960年以前に生まれた数学者は，このような経験をしているか，手書きの原稿をタイピストに渡して頼んでいる．

TeXができて一番便利になったのは原稿の訂正が容易になったことである．ちょっとした訂正だけでなく，大きな訂正でも簡単にできるようになった．それまでは，紙，鋏(はさみ)，糊が訂正の三種の神器であった．第2に，校正が楽になった．昔は印刷工，ときには編集者の勘違いで数式が正しく印刷されていないことがあったが，TeX以来そういう間違いはなくなった．著者の犯した誤りを著者自身が見つけて直すのが校正の役割り

になった．第3に，TeXの原稿をe-mailで送れるようになり，共同研究，共著の論文や本を書くとき非常に便利になった．

私自身，1950年代末から1960年代のはじめにかけて友人と一緒に本を書いていたときの経験を述べてみる．私はアメリカの西海岸，友人は東海岸，はじめに私が彼の大学に行って，章とか節を大雑把に決めた後は，航空便が頼り．コピー機がなかった時代だから，カーボン・コピーを相手に送る．しばらくして，訂正，コメント，ときには大きな変更をした新しい原稿が戻ってくる．これを繰り返しながら，次節，次章へと進む．先に進むと，最初の章の変更が必要になって書き直したりする．我ながら上下800頁の本をよく終えたものだと思う．

しかし，TeX万々歳ではない．昔なら，数式の前後上下の空白の取り方など編集者がやっていた仕事，今は著者がやっている．TeXの原稿が出回り始めた頃，友人からプレプリントをもらったとき，数学的内容を見る前に形式的体裁を褒めるという本末転倒のようなこともあったが，今はそれも笑い話になった．

1990年代になって，はじめてTeXで本を書いたとき，私は訂正があまりに容易にできるので，どうでもよいような細い点まで直し続け，ずいぶん時間を費やしてしまった経験がある．進歩にも少しはマイナスの面があるということか．

英文で書く数学の論文，本の話をしてきたが，和文で数学の本をコンピューターを使って書くのは，全角だ，半角だ，変換だと不慣れのせいか面倒である．今まで日本語の本は昔のように原稿用紙に書いてきたし，この原稿も手書きである．

奇人・変人が多いのか，数学者には

　一般向けの数学書，科学書の翻訳家として知られ，2007年には日本数学会の出版賞を受賞された青木薫氏が2011年秋の日本数学会の総合分科会で「外から見た数学」という招待講演の中で発した3つの質問の1番目は「数学者は天才か」というものであった．しかし，この質問の題は失礼にならないようにという心遣いで付けたもので，内容は，ずばりと言えば「数学者には奇人，変人が多いか」というものであった．講演の要旨が数学会の『数学通信』2012年2月号に出たので改めて読んで，一言自分の考えを述べたくなった．

　どの分野，職業にも奇人，変人はいて，数学者に特に多いわけではないというのが聴衆(数学者)の反応だったようである．私も同じ考えであるが，他の分野の人に対して，このような質問が向けられず(私にはそう思える)，数学者に対してだけそういうことがなぜ問われるのかを考えてみた．

　普通の人は収入のよい職業に就いて裕福になろうとする．もちろん，数学者だって貧乏よりお金持ちのほうがよいにきまっている．自分で言うのもおかしいが，講師が「数学者は天才か」と問うたように，天才もいるが，天才でない者も頭のよい人が多く，小学校以来学校でも成績トップのほうにいて，数学以外の科目でも成績のよい人がいる．

しかし，お金持ちになるのが目的だったら，大学も数学科などに進学しない．私が数学科に入ったとき，高等教育を受けていない両親は幸い何も言わなかったが，高等師範学校を出た伯母は「もったいない．どうして法科に行かないのか」と言った．同様に親に反対された数学者を何人か知っている．

　ある著名な数学者は，彼の創った数学理論が思いもかけずウォール街の金融業者の間で持てはやされるようになったが，肝心の本人は考えるのが面倒だからとお金は全部普通預金だという．こういった金銭に対する淡白さが世間からは変わっていると見られる．ポアンカレ予想を解いたとき，クレイ研究所からの100万ドルの賞金を辞退したペーレルマンの話が新聞記事になってますます「数学者は変わっているよ」という見方が強まる．もっとも彼はそれ以前から数学者の間でも変人と思われていた．

　人間は金銭の次には権力，そして名誉を欲するとよく言われる．政治家などはさしずめその見本のようなものである．会社でも，役所でもできるだけ上に昇進して，できれば社長，事務次官を目指し，定年後は勲何等がもらえるかもらえないかとかやきもきする．もちろん大部分の人はそれほどの出世は最初からあきらめているが，なるべく早く「長」の付く地位に昇りたいと思う．

　例外はあるが，数学者は権力欲が強くないし，数学の世界は権力からはほど遠い．数学者も早く昇進して教授になりたいと思うが，これは自分の仕事を認めてもらいたいという一種の名誉欲みたいなものだが，よい仕事をすれば自然に教授の地位は

付いてくる．数学の世界では，よい仕事かどうかは誰にもはっきり分かり，割と公平に判断される．教授になれば給料も上がるが他の職業と較べたら知れたものである．小説などによると医学部の教授は権力があるようだが，数学の教授には特に権力らしいものはない．

　実験科学とちがって予算の少ない数学科では，予算は予め決まっていることに使われ，主任の権限で動かせるお金などない．世間の人は主任教授になるというのは出世と勘違いしているが，数学者は主任職は雑用の多い一種の高等小使いで，研究の時間を奪われるからと皆なりたがらない．これは日本でもアメリカでも同じで，仕方がないから否応なしに順に主任職を務めなければならないようにするとか，各数学教室はそれぞれ工夫している．こういう点でも数学者と世間の感覚にずれがある．

　新しい定理は他人より先に証明しなければ自分の定理にならない．誰が一番先に証明したかという点については数学者は敏感である．子供っぽいかもしれないが一種の名誉欲であろう．金銭，権力はとばして名誉欲というわけである．

　数学者には内気な人がかなりいる．人見知りする内気な子供は多いが，普通の職業に就けば，それではやっていけないので，初対面の人にもちゃんと挨拶をして適当に話を合わせていけるようになる．しかし，数学者の場合，内気な人はそのままでもやっていける．積極的に共同研究をしないまでも，他の数学者に教わったり教えたり，アイデアを交換しながら研究を進める人が多いが，数学という学問の性質上，独りで黙々と研究する人もいる．

私が1956年から58年プリンストンの研究所にいた頃，ギリシャから来ていたパパキリヤコポロスという人がそういうタイプの数学者で30年近くかけて懸案だったデーンの補助定理を証明した(これは1910年に発表されたデーンの証明の誤りが1929年に見つかったのでそう呼ばれる)．パパキリヤコポロスの結果は結び目の理論で特に重要なものである．研究所やプリンストン大学の数学者は長い名を略して彼をパパと呼んでいたが，それまでパパが何を研究しているか知らなかった．彼は特に人付き合いが悪いわけではなく，研究所のパーティなどには顔を出した．英語が苦手で引っ込み思案になったのかも知れない．

　ポアンカレ予想を証明したペーレルマンについては上に述べたが，彼はアレキサンドロフ空間についてよい仕事をした後，若い科学者に与えられるミラー奨学金を受けバークレーの研究員となった．幾何のセミナールにも全然顔を出さず，いつも，数学教室のあるエヴァンス・ホールの廊下を独りで黙って動物園の熊のようにぐるぐる歩いて数学を考えていた．その頃，ポアンカレ予想のことを考えていたらしく，ロシアに戻ってしばらくして証明を発表した．バークレーで彼と付き合った人はいないようだった．

　歩いていると頭の血行がよくなるという説があるが，歩きながら考える数学者は多い．キャンパスで同僚が何か考えながら歩いているときには思考を妨げないように声を掛けたりはしない．しかし，知っている人と擦れ違うとき声を掛けないのは世間では失礼と考えるだろう．独りで引き込もって，すばらしい

I　数学つれづれ

定理を証明している分には誰も困らないが，大事件を起した数学者がいる．

セオドア・カジンスキー(1942–)は16歳でハーバードに入学．数学科を卒業した後，ミシガン大学で複素関数論の論文によって博士号を取得．1967年，25歳でバークレーの助教授に就任した．自分の専門のセミナーにも出席せず，誰とも付き合わず，学生に会うのも避けるので評判も悪く，自分でも嫌気がさしたのか2年足らずで大学を辞めてバークレーを去ってしまった．

われわれが彼の名を再び聞くのは26年後であった．1971年にカジンスキーはモンタナの森で電気も水道もない生活を始めたが，周囲の自然が次第に破壊されていくのは工業中心の社会の所為だとして，1978年頃から，アメリカのあちらこちらの大学の工学部と航空会社のオフィス宛に手製の小さい爆弾入りの包みを送り始めた．そのため，1995年までに，3人が死に，23人が怪我をした．FBIは犯人にUnabomber(ユナボンバー)(unは大学，aはエアライン)というコード名を付けて追ったが手掛かりはなし．

1995年に犯人から「工業社会とその未来」(Industrial Society and its Future)というマニフェストをニューヨーク・タイムズ紙などに送り付け発表を要求してきた．発表されたマニフェストを読んだ兄夫妻がテッド(セオドア)の文に違いないと思いFBIに通報したので逮捕に至った．その後，裁判の準備のためFBIがバークレーの数学教室に来て職員ひとりひとりをインタビューしてカジンスキーについて聞いてまわった．同じ専門の

昔の同僚でも彼のことをほとんど知らなかったくらいだから，私がまったく彼のことを知らなくても当然とFBIも思ったらしく，インタビューも簡単だった．カジンスキーは今終身刑に服している．

こういうことがあると，数学者には変人が多いと世間の人は思う．金融関係では膨大な金を誤魔化したり盗んだりする事件は頻発しているが，金銭欲による犯罪は自然なことであって，カジンスキーのような一銭の得にもならない罪を犯すのは変人の仕業と考えられるのである．

どんな分野，職業にも変人，悪人，立派な人が同じような割合でいるのだと思うが，数学をやっているというだけで，メディアも世間も特別な目で見るので，数学には特に変人が多いと思われてしまうのではないだろうか．

II
数学史余聞

数学一家

「親の光は七光り」と言うが，地盤，人脈がものを言う政治の世界では代々政治家というのは珍しくない．親の七光りのお蔭で選挙に勝ったぼんくら議員はいやというほどいる．ビジネスの世界では，一代目が創った会社を三代目が潰したというような話がある．一方，音楽とか絵画の世界では二代続けて一流という例はあまり耳にしない．もちろん，親が音楽教師で子供が一流の音楽家というのはあるが．

数学でも二代続けて数学者というのは数多くないが，芸術の世界ほどではない．マックス・ネーター(1844-1921，代数幾何)とエミー・ネーター(1882-1935，代数)のような父娘，最近ではエリー・カルタン(1869-1951，リー群・環，微分幾何)とアンリ・カルタン(1904-2008，トポロジー，多変数関数論)のような超一流の親子が頭に浮かぶ．

また，クネーザーのような親子三代にわたって数学者というのは滅多にいない．アドルフ(1862-1930，微分方程式)，ヘルムート(1898-1973，群論，トポロジー)，マーティン(1928-2004，代数群)は三代続けて一流の数学者である．真ん中のヘルムートが「若いときは，「あれはクネーザーの息子だ」と言われ，年取ったら，「あれがクネーザーの親父だ」と言われるようになった」とジョークを言ったと聞いたことがある．

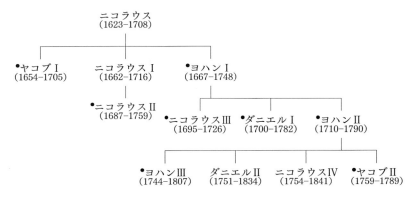

図1 ベルヌーイ家の系図(•印は数学者になった人)

　図1の家系図が示すベルヌーイ家のような古今他に例をみない数学一家について少しばかり書く．名前の後のI, II, IIIは同名の人を区別するために付けた．また，数学者には•印を付けておいた．

　ベルヌーイ家はフランダース(ベルギー西部からフランス北端にかけての地方)からスイスのバーゼル(ドイツ，フランス，スイスの国境にある町)に移ってきた．ニコラウスは香辛料を取り扱う業者だった．3人の息子のうち，真ん中のニコラウスIは画家で，バーゼル市の議員でもあった．

　長男のヤコブIがベルヌーイ家の最初の数学者である．父親は彼に神学を学ばせ牧師にしようとしたが，数学者の道を選び，バーゼル大学の教授になった．ライプニッツの影響で早くから微積分の発展に貢献した．ベルヌーイ数，確率論の大数の法則など名を残すような仕事をした．

13歳年下の弟ヨハンIは兄から数学を学び，やはり微積分の発展に多大な貢献をしたが，頭角を現わすにつれて，競争心が昂じて，兄弟の仲は悪くなっていった．はじめはオランダのグロニンゲン大学の教授をつとめ，兄のヤコブIが結核で死んだ後，兄の講座を継いでバーゼル大学の教授になった．ヨハンIは兄以上に多作で微積分をいろいろな問題に応用した．兄同様，パリ・アカデミーの外国人会員に選出された．

　1692年にパリ滞在中，ヨハンIはフランスの侯爵ド・ロピタル(1661-1704)にライプニッツの微積分を教えた．そのとき，ヨハンIに毎年300フラン払う代償として，ド・ロピタルはヨハンIの新しい結果を一番先に知らせてもらい，それを自由に使って差し支えないという世にも奇妙な契約を結んだ．数年後の1696年にド・ロピタルは『無限小解析』(Analyse des infiniment petits)という微積分の最初の教科書を出版した．この本は18世紀の間中，長く大きな影響力を持った．そこには有名なロピタルの法則も含まれている．

　ド・ロピタルの死後，1707年に出版されたロピタルの円錐曲線に関する教科書も18世紀の解析幾何の教育に大きな影響を与えた．1704年，43歳でド・ロピタルが死んだ後，ヨハンIはロピタルの法則は自分が発見したものだし，微積分の教科書も自分の原稿が元になっていると言い出した．しかし，兄と，そして果ては息子のダニエルとまで，数学上の発見で優先権を争って悪名の高かったヨハンIを信じる人は少なかった．ところが20世紀に入って，バーゼル大学でヨハンIの主張を裏付ける資料が見つかった．ヨハンIはオイラーの先生であったこ

とを付け加えておく．

　ヨハンIの3人の息子は，いずれも数学者になったが，真ん中のダニエルIが特に優れていた．ベルヌーイ家が生んだ8人の数学者のうち，前述のヤコブI，ヨハンIとこのダニエルIの3人が一流の数学者になった．

　ニコラウスが長男のヤコブIを牧師にしようと思ったことは前に書いた．彼は三男のヨハンIに家業を継がせようと思ったが，三男も数学者になってしまった．そのヨハンIは次男のダニエルIを商人にしようとしたが断られたので，医学を学ぶよう勧めた．ダニエルIは父が数学を教えてくれるという条件と引き換えに医学を学ぶことに同意した．

　しかし，彼も結局は数学の道に進んだ．25歳の若さで，1725年ダニエルIはペテルブルク・アカデミーの数学主任としてロシアに赴任した．ペテルブルク(現在のサンクトペテルブルク)は1703年にピョートル大帝が「ヨーロッパへの窓」として造った新しい都であった．大帝の計画したペテルブルク・アカデミーが大帝の2人目の妻カタリーナ女帝のもとで発足した頃である．ダニエルIの推挙で，弱冠20歳のオイラーもアカデミーの物理のメンバーとして招かれた．オイラーについては項を改めて書く．

　ダニエルIはロシアの生活に馴染まず，1733年病気になったとき，それを口実に，オイラーを後継者としてアカデミーに残し，バーゼルに戻ってしまった．エネルギー保存の法則から系統的にすべての結果を導いた流体力学の本(1738)がダニエルIの一番の業績である．彼はまた気体分子運動論でも重要な仕

事を残している.

　画家の息子として生まれたニコラウスIIはパドバ(イタリー)の大学教授を経て，バーゼル大学の教授になった．ヨハンIの長男ニコラウスIIIは法律を学びベルン大学の法科の教授を2年(1723-25年)務めた後，数学教授としてペテルブルクに招かれたが，31歳の若さで死んだ．彼の仕事は曲線論についてであった．三男のヨハンIIも法律を学んだが，主に物理の研究をし，バーゼル大学の教授になった．その息子ヨハンIIIも最初は法律を学んだが，すぐ数学に移り，ベルリンのアカデミーの数学主任となった．

　末の息子ヤコブIIも同様に法律を勉強したが，父から数学を学んだ後，伯父のダニエルIからさらに学んだ．才能豊かだったヤコブIIは年老いた伯父に代って物理の講義を受け持った．

　同じくバーゼル出身のニコラウス・フッス(1755-1826)は1773から1783年の間ペテルブルクでオイラーの助手をしていた．フッスの推薦で1778年ヤコブIIは数学の教授としてペテルブルクに赴任した．すぐにオイラーの孫娘と結婚したが，その夏，溺死してしまった．ヤコブI，ヨハンI，ダニエルI以外の5人は，特に秀でた数学者ではなかったとはいえ，一応大学教授になるほどの出世はした．ヤコブIIを最後として，ベルヌーイ家の数学的伝統は終った．

　ちなみに，ニコラウスIVの孫マリアは1946年ノーベル文学賞受賞者，詩人小説家ヘルマン・ヘッセの最初の妻である．

　ベルヌーイ家の数学者，そしてオイラーを輩出したスイスに

再び数学史に名を残す数学者が現われたのは，1世紀経ってからだった．

ヤコブ・シュタイナー(1796-1863)はベルンの郊外で生まれ，教育学者ペスタロッチのもとで学び彼の教育方針にすっかり共鳴した．18歳のときハイデルベルクに行き，家庭教師をして収入を得ながら数学を学んだ．その後，ベルリンに行き，家庭教師をしたりギムナジウムで教えながら研究を続け，そこでレオポルト・クレレ(1780-1855)の知遇を得た．

1826年にクレレはドイツではじめての数学専門誌を発刊した．この雑誌は一流誌として現在まで続いているが，俗称クレレのジャーナルで知られるようになった．シュタイナーは，その創刊号以来62の論文を発表した．1832年にそこに発表した論文に感銘したカール・G. J. ヤコビ(1804-1851)の後押しで，1834年にベルリン科学アカデミーの会員に選出され，翌年ベルリン大学の教授に任命された．シュタイナーはジャン=ヴィクトル・ポンスレ(1788-1867)の射影幾何の発展に最大の貢献をした．

その後も，小さな国スイスは，ミシェル・プランシュレル(1885-1967, 調和解析)，ポール・ベルナイス(1888-1977, 数学基礎論)，そして20世紀に入ってもジョルジュ・ド・ラム(1903-1990)，アルマン・ボレル(1923-2003)をはじめとして，多数の数学者を生んでいる．

物理学でも，アインシュタイン(1879-1995)，ディラック(1902-1984)の名を知らない人はいないだろう．ただし，ディラックは父がスイス人であるというだけで，イギリスのブリス

トルで生まれ，イギリスで教育を受け，ケンブリッジ大学で教えたのだから完全なイギリス人である．でも，スイスは彼をスイスの科学者リストに入れている．

数学者の名と顔

　東京や京都には名の付いた通りがあるが，だいたいにおいて通りには名がないことが多い．ブロックごとに番号が付いていて，住所が分かるようになっている．欧米では小さい通りでもすべて名前があり，建物には順に番地が付いているから，日本のように表札が出ていなくても探している家はすぐに見つかる．モーツァルト通りとか，マッカーサー通りとか有名人の名が付いていることもある．一般的に，アメリカでは政治家の名がよく使われ，ヨーロッパでは文化人の名が付いていることが多い．

　パリには数学者の名の付いた通りが多い．当然フランスの数学者の名が多く使われているが，アーベル，オイラー，ガリレオ，ホイヘンス，ライプニッツ，ニュートンなど，外国人の名もある．ベルヌーイなどは一家まとめて，ベルヌーイ通りである．フランスの数学者ではアンペール，アッペル，ベズー，(エミル)ボレル，コーシー，ダランベール，ダルブー，デザルグ，デカルト，フェルマー，ガロア，ソフィー・ジェルマン，エルミート，ラグランジュ，ルジャンドル，リウヴィル，モンジュ，ナヴィエ，パンルベ，パスカル，ポアンカレ，ポアッソン，ポンスレ，セレ，ヴィエート．ここに名が出てこなければ数学者として落第という感じである．

　通りといっても，道の広さによって，ブルバール，アベニュ，

リュ，パッサージュなどと区別するから一人で2ヶ所に出てくる人もいる．数学者の名の付いた通りは全部で100近いそうである．アメリカでは，ユークリッドとかアインシュタイン(数学者ではないが)くらいしか通りの名になっていない．

銀行の紙幣の顔になった数学者もいる．オイラー(スイスの10フラン)，ガウス(ドイツの10マルク)，アーベル(ノルウェーの500クローネ)，ユーロになって，ガウスもアーベルも消えてしまった．

物理学者のほうがはるかに多く，アインシュタイン(イスラエルの5リロト)，シュレディンガー(オーストリアの1000シリング)，ニールス・ボーア(デンマークの500クローネ)，ラザフォード(ニュージーランドの100ドル)，マリー・キューリー(ポーランドの20000ズロティ)，マリーとピエール・キューリー(フランスの500フラン)，ニュートン(イギリスの1ポンド)，ファラデー(イギリスの20ポンド)，ホイヘンス(オランダの25ギルダ)などが紙幣の顔になった．ユーロによって消えてしまった以外にも今はもう使われていないものもある．

郵便切手に使われている数学者・科学者も数多い．日本では，1992年に関孝和の生誕350年の記念切手が出たことがある(もっとも，関孝和が1642年に生まれたかどうかは未確定である)．

何といっても銀行の紙幣になるのが一番難しく，超一流でなければならないようである．だいぶ前の話になるが，慶応の数学教室がオイラーの膨大な全集を買うのに予算が取れず苦労していたことがあった．冗談で私は「一万円札になった福澤諭吉

の慶應だから,銀行の国スイスの紙幣になったオイラーがいかに偉大であるかはいくら数学の分からない大学当局でも想像できることでしょう」と言ったことがある.幸い翌年慶應に行ったらオイラー全集が揃っていた.

顔を失った二人の数学者

　ドイツの"黒い森"の中にある数学研究所(オーベルヴォルファッハ数学研究所)には，世界中の多くの数学者の写真のコレクションがあり，収集を続けている．携帯電話にもカメラが付き，写真の洪水ともいえる世の中になったが，20世紀の前半まではカメラを持ってない人のほうが多く，七・五・三だとか特別なときには写真屋さんに行って撮ってもらったものである．

　19世紀中頃にカメラができるまでは肖像画家が写真屋の役を果たしていた．スイスの10フラン紙幣にまでなったオイラーはヨハン・ブルッカーとかエマヌエル・ハルデマンといった画家による肖像画以外にもいくつかの肖像画があるようだが，普通の数学者の場合はたかだか一つの肖像画しかないであろう．

　ともかく，われわれは数学史の本などに載っている肖像画のコピーによって昔の有名な数学者の顔を知っているのである．アルキメデスのような古代数学者になると肖像画もなく，後世の画家が想像して画いた姿しか知らない．

　アドリアン・マリー・ルジャンドル(1752-1833)はパリの豊かな家に生まれた．物理と数学を勉強して1770年に卒業，1775年から1780年までパリの軍事学校で教えたが，1795にエコール・ノルマル(高等師範学校)の教授になった．

ルジャンドルは，ラグランジュ(1736-1813)，コンドルセ(1743-1794)，モンジュ(1746-1818)，ラプラス(1749-1827)，カルノー(1796-1832)と共にフランス革命(1789年)の時代のフランスを代表する数学者であった．モンジュ，カルノー，コンドルセが革命に積極的であったが，ラグランジュ，ラプラス，ルジャンドルは政治的な活動はしなかった．

　数学的には，ルジャンドルがユークリッドの『原論』を教科書向きに書き直した幾何の本は大成功であったが，彼の重要な仕事は，楕円積分，平方剰余の相互法則におけるルジャンドル記号の導入，ルジャンドルの変換，ルジャンドル関数，ルジャンドルの多項式など広い範囲にわたっている．

　数学史の本に出てくるルジャンドルの肖像画(石版画)はすべて同一なのであるが，2005年にストラスブルク大学の二人の学生が，それは政治家のルイ・ルジャンドルの顔であって数学者のルジャンドルとは無関係であることを発見してちょっとした騒ぎになった．

　詳しい経緯はアメリカ数学会の雑誌 Notices の 2009 年 12 月号にミシガン大学のピーター・デューレンが書いている．フランス革命後の議会で常に一番高い場所のベンチに席を取った極左の山岳派と呼ばれるグループの連中 21 人を描いた 1793 年の石版画がある．これまで，数学者ルジャンドルの肖像と思われてきた人物は，その中にいるルイ・ルジャンドルに他ならないことに学生が気づいたのである．誰かがそれをアドリアン・ルジャンドルであると勘違いして使い，それが孫引きされてすべての数学史の本に載るようになったというわけである．

ルイ・ルジャンドルはアドリアン・ルジャンドルと同じ年(1752年)に生まれているが45歳で死んでいる．アドリアンは天寿を全うして80歳まで生きた．ルイはもともとは肉屋だったが革命運動に参加し，バスティーユ監獄の破壊の先頭に立った一人である(その記念日をフランスではカトールズ・ジュイエ(quatorze Juillet, 7月14日のこと)と呼ぶが，映画の影響か，パリ祭として知られている)．

　今まで肖像画と思っていたのが誤りだと分かって，本当の肖像画の捜索が始まった．2008年になってパリにあるフランス学士院の図書館の貴重本の一つに，その肖像画のあることが見つかった．それは1820年の学士院会員73人を描いた水彩肖像画のアルバムであった．ただし，それは普通の絵ではなく風刺画であった．そのため特徴をよく捉えているかも知れないが写実的ではない．今ではオンラインでこれを見ることができる(ネットで Adrien-Marie Legendre を検索すれば見つかる)．

　フーリエが同じ頁の隣に描かれている．フーリエの普通の肖像画はいくつかあるので，それと較べてみた．1920年というと彼が52歳であったから，その頃描かれたらしいのと較べると，太り具合といいかなりよく似ているから，ルジャンドルの風刺画も彼らしく描かれているのであろう．

　次の話題の主はハンガリーのヤーノシュ・ボーヤイ(János Bolyai, 1802–1860)である．ルジャンドルからちょうど半世紀後の数学者である．数学者ファルカッシュ・ボーヤイを父としてハンガリーのトランシルヴァニヤ(第2次大戦後はルーマニア領)で生まれた．一生ユークリッドの平行線の公理を公理1〜4

から証明しようとした父ファルカッシュの影響で，ヤーノシュもその問題に取り組んだ．やがて平行線の公理は他の公理から独立であることを発見し，父ファルカッシュの本『Tentamen』の附録として 1832 年に「絶対空間の科学」を発表した．以後この論文は「附録」(Appendix)の名で知られるようになった．

一方，ロシアのカザン大学のロバチェフスキーも同様の結果を「幾何学の基礎について」という題で大学の雑誌に 1829/30 年に発表した．ガウスはもっと早くから第 5 公理の成り立たない幾何の存在に気づいていたが，ユークリッド幾何以外の幾何の存在を否定するカントとの論争に巻き込まれるのを嫌って発表しないでいた．この辺の経緯はコルモゴロフ-ユシュケヴィッチ編集の『19 世紀の数学』第 2 巻(小林昭七・藤本坦孝訳『19 世紀の数学 II』朝倉書店，2008)に詳しい．また，この非ユークリッド幾何の解説が拙著『ユークリッド幾何から現代幾何へ』(日本評論社)にある．

さて，アメリカ数学会の雑誌 Notices，2011 年 1 月号にハンガリーの数学者タマス・デネス(Tamás Dénes)がヤーノシュ・ボーヤイの肖像画は二つあったが，両方とも失われてしまい，数学史の本にある彼の肖像画は偽物で，ヤーノシュに似ているかどうかも確かでないという記事「ヤーノシュ・ボーヤイの本当の顔(Real Face of János Bolyai)」を発表した．一つの肖像画は 1837 年にはもう失われていたという情報がいくつかあり，もう一つの軍服姿の肖像画は破棄してしまったとヤーノシュ自身が言っているそうで，二人のルーマニアの数学者の調査でも両方失われてしまったことを裏付けているというのである．

ヤーノシュ・ボーヤイが没して100年に当たる1960年にハンガリーとルーマニアの政府はそれぞれ記念切手を発行した．切手に使われた若いボーヤイの肖像画がその後本当の肖像画として広く使われるようになった．このようなことになったのは，以下のような事情による．

　アドラー(1826-1902)というハンガリーの画家が1864年に大きな肖像画を描いたが，その画の中の人物が誰であるかはどこにも書いていない．一方，ハンガリーの美術学校で学び，多くの有名人を描いた肖像画家リューンスドルフ(1893-1958)がヤーノシュ・ボーヤイと題する肖像画を描き，これはアドラーが描いた生き写しの肖像画にもとづいているという文が付けてあった．そしてアドラーの画はヤーノシュ・ボーヤイ数学協会にあり，切手はそれをもとにしてデザインされたというわけである．しかし，アドラーが1826年に生まれたときにはボーヤイはすでに24歳，画を描き始めた頃には，ボーヤイは40歳過ぎ，若いときヨーロッパを渡り歩いて勉強し1848年にようやくハンガリーに落ちついた経歴からすると，その頃にはボーヤイは46歳，まして問題の画が制作されたとする1864にはもうボーヤイは死亡している．どう考えても，アドラーが若いボーヤイを見たのはあり得ない．Noticesの記事の著者タマス・デネスはさらに追究する．ボーヤイの生まれ故郷の町にある文化殿堂の壁に19世紀のハンガリーの文化に貢献した六人の偉人の浮き彫りの真ん中の二人がファルカッシュとヤーノシュ・ボーヤイであることを突きとめた．

　ヤーノシュ・ボーヤイ以外の五人は肖像画もあり，浮き彫り

は直ぐにそれと分かる程度にできていたそうである．また，ヤーノシュは息子デネス・ボーヤイおよびハンガリーの英雄クラプカ将軍と瓜二つと言われていたが，彼らの肖像画とヤーノシュの浮き彫りがあまりによく似ているのにタマス・デネスも驚いたそうである．殿堂が建てられた 1911 年から 1913 年頃はヤーノシュを知っている人も，息子のデネスも町にいたはずだから，浮き彫りはヤーノシュにきっとよく似ているであろうと結論している．

微分記号の誕生

鶴亀算とは鶴と亀が合わせて 8,それらの足の数が全部で 26 としたときに,鶴と亀の数を見つける問題である.鶴と亀の数をそれぞれ x, y とすれば $x+y=8$, $2x+4y=26$ という簡単な連立方程式を解けばよいのだが,記号代数を習っていない小学生には難しい問題である.昔のことで自分が小学生のときどうしたか考えてみると,たぶん鶴ばかりだとすると足の数は $2\times 8=16$ で 10 足りない,鶴の数を 1 減らし亀の数を 1 増やすごとに足の数は 2 増えるから,鶴の数を 5 減らし亀の数を 5 増やせばよいというように考えたのであろう.

中学に入って,x とか y という変数を使うことを習ったが,はじめのうちは,小学校で使った方法のほうが簡単だと思った.しかし,だんだんと記号代数に慣れると,その便利さが分かるようになった.やがて,2 次方程式が出てきたが,最初は係数が具体的な数字で,いきなり $ax^2+bx+c=0$ のように文字係数 (a, b, c) だったのではない.大人になって数学史の本を読んで,未知数を記号,たとえば x, y で表わし,数係数の方程式を解き,やがて文字係数の方程式を考えるようになるというのは歴史的に自然な発展の仕方であることを知った.

次に微積分のレベルの話をする.微積分の創始者がニュートン (1642-1727) かライプニッツ (1646-1716) かという論争には触

れず，ここでは記号のことだけを見てみる．

　関数 $y=f(x)$ の微分をニュートンは $\dot{y}$, $\dot{f}(x)$，2階微分を $\ddot{y}$, $\ddot{f}(x)$ というようにドットで表わした．この記号は今でも物理では使うときもある．

　一方，ライプニッツは

$$\frac{dy}{dx},\quad \frac{df}{dx}(x),\quad \frac{d^2y}{dx^2},\quad \frac{d^2f}{dx^2}(x)$$

という記号を使った．因みに，y', $f'(x)$, y'', $f''(x)$ という記号はラグランジュ(1736-1813)のものだそうである．

　ライプニッツはよい記号ということに固執した人であった．やはり彼の記号が最良であるように思われる．x が非常に少し Δx だけ変化したとき，y が Δy だけ変化したとすると，その比 $\frac{\Delta y}{\Delta x}$ の極限 $\lim_{\Delta x \to 0} \frac{\Delta y}{\Delta x}$ を $\frac{dy}{dx}$ と書いたのである．

　ライプニッツの記号が優れていることは，関数の関数の微分を書いてみれば明白である．$z=f(y)$, $y=g(x)$ としたとき，合成関数 $z=h(x)=f(g(x))$ の微分を与える式は，ニュートンやラグランジュの記号では

$$h'(x) = f'(g(x))g'(x)$$

と表わされる(ニュートンの記号ではダッシュ ′ の代りにドット ˙ にすればよい)．一見しただけでは，この式が正しそうだということは分からないし，どう証明したらよいかも明らかでない．しかし，ライプニッツ流に書けば

II　数学史余聞

$$\frac{\Delta z}{\Delta x} = \frac{\Delta z}{\Delta y} \cdot \frac{\Delta y}{\Delta x}$$

において $\Delta x \to 0$ としたときの極限として

$$\frac{dz}{dx} = \frac{dz}{dy} \cdot \frac{dy}{dx}$$

が極めて自然に得られ，その証明の方針も見えてくる．右辺を分数の掛け算のように考えれば(そう考えるのは正しくないが)，覚えやすい公式である．しかし，証明は

$$\frac{dz}{dx} = \lim_{\Delta x \to 0} \frac{\Delta z}{\Delta x} = \lim_{\Delta x \to 0} \frac{\Delta z}{\Delta y} \cdot \frac{\Delta y}{\Delta x}$$

としたのでは正しくないことは，きちんとした微積分の教科書には書いてある．それは，$\frac{dy}{dx}$ の定義において x を $x+\Delta x$ に変化させるとき，$\Delta x \neq 0$ でなければならない．$\Delta x = 0$ では $\frac{\Delta y}{\Delta x}$ は定義されない．さらに，$\Delta x \neq 0$ でも，y が変化するとは限らない．すなわち，$\Delta y = 0$ かも知れない．そうすると $\frac{dz}{dy}$ の定義における $\frac{\Delta z}{\Delta y}$ が定義されなくなる．そこでちょっとした工夫が必要になるが，その証明は適当な教科書に譲ることにする．

テンソル解析の記号

テンソル解析の記号の便利さを説明する．その基礎となるベクトル空間から始める．現在では，V が実ベクトル空間であるとは，集合 V の任意の元 u, v（これらはベクトルと呼ばれる），および任意の実数 a に対し，$u+v \in V$, $au \in V$ が定義され，通常の条件が満たされているもの，という公理的な定義が広く使われている．

いきなりこの定義が出てくると多くの学生には何のことか分からない．この定義が本に出てきたのはワイルの "Raum, Zeit, Materie"（空間，時間，物質）ではないかと思う．それまでは，$(x_1, x_2, \cdots, x_n)$ のように実数が n 個並んだものが n 次元ベクトルで，それらの集合が n 次元実ベクトル空間だったのである．

ベクトル空間 V の双対空間 V^* を V 上の線型汎関数の集合とする定義も学生にとって障害となる．これも，縦ベクトル，横ベクトル

$$\begin{pmatrix} x^1 \\ \vdots \\ x^n \end{pmatrix}, \quad (x_1, \cdots, x_n)$$

と書いて V の元，V^* の元を区別していた．ここで，添字を上に付けるか，下に付けるかによって区別することにより，上の

II 数学史余聞　　49

記号も (x^i), (x_i) と簡素化できる．これが，テンソル解析の第一歩である．

有限次元のベクトルなら，その成分 x^i で表わせるが，量子力学で無限次元ベクトル空間（ヒルベルト空間）を必要とする物理学者は，うまいことを考えるもので，ブラケット〈 〉の bracket を 2 分して，bra-vector $\langle\varphi|$ と ket-vector $|\phi\rangle$ を考える．$\langle\varphi|$ が V の元を表わすとすれば，$|\phi\rangle$ は双対空間 V^* の元を表わすのである．こうして，線型汎関数などという難しいことを言わないのである．ブラベクトル，ケットベクトルを考えたのはディラックである．

テンソル解析に戻って，ベクトル空間 V から，ベクトル空間 W への線型写像を考える．W が 1 次元の場合，すなわち W が実数の集合 $\mathbb{R}$ の場合，V から $\mathbb{R}$ への線型写像とは線型汎関数に他ならない．線型写像 $A: V \to W$ は V のベクトルを (x^i)，W のベクトルを (y^λ) と書いたとき

$$\begin{pmatrix} y^1 \\ \vdots \\ y^m \end{pmatrix} = \begin{pmatrix} a^1_1 & \cdots & a^1_n \\ \vdots & & \vdots \\ a^m_1 & \cdots & a^m_n \end{pmatrix} \begin{pmatrix} x^1 \\ \vdots \\ x^n \end{pmatrix}, \quad \text{または } y^\lambda = \sum_{i=1}^n a^\lambda_i x^i$$

と行列 (a^λ_i) で表わすことができる．

ここで，a^λ_i の添字 λ, i の位置に注意する．i について和を取る（縮約するという）とき，x^i の i が上にあるから，a^λ_i の i は下に付けて，縮約に使う添字は一方が上なら他方は下にするのである．上にあるもの同士（下にあるもの同士）の添字について和を取らないという約束がテンソルの計算の基本である．

線型写像 $A: V \to W$ と双線型形式 $B: V \times W \to \mathbb{R}$ の違いも，

添字の位置で区別できるのである．$x=(x^i)\in V$, $y=(y^\lambda)\in W$ とするとき，$B(x,y)$ を

$$B(x, y) = \sum_{i,\lambda} b_{i\lambda} x^i y^\lambda$$

と書くことにより，B を行列 $(b_{i\lambda})$ で表わすが (x^i) と (y^λ) の添字 i, λ が上に付くから，和を取るためには $(b_{i\lambda})$ の添字は下に付けなければならない．このように (a_i^λ) も $(b_{i\lambda})$ もともに同じ大きさの行列であるが，一方は線型写像，他方は双線型形式だと分かる．

V の双対空間 V^* の元は (ξ_i)，すなわち下付き添字 i, W の双対空間の元も下付き添字 (η_λ) と書くことになっているから，線型変換 $A: V \to W$ $(y^\lambda = \sum_i a_i^\lambda x^i)$ の双対線型変換 $A^*: W^* \to V^*$ は同じ行列を使って

$$\xi_i = \sum_\lambda a_i^\lambda \eta_\lambda$$

と表わされる．このように，添字の位置に関する規則をきちんと守れば，機械的に計算して間違わないのである．

もちろん数学的には，写像が，どのような空間からどのような空間に行くのかということを意識していることは大切である．

ここまでは，テンソルの代数的性質だけについて話したが，座標系 $x^1, \cdots, x^n$ を持った空間で定義された関数 f の微分を考えてみる．

$$f_i = \frac{\partial f}{\partial x^i}$$

と置く．x^i の i は上付きだが $\dfrac{\partial}{\partial x^i}$ の ∂x^i は分母に出てくる（すなわち，下に出てくる）ので，$\dfrac{\partial}{\partial x^i}$ の i は下付きと考え，f_i と書くのである．全微分 df は

$$df = \sum_i f_i dx^i$$

で，添字の位置は規則通りである．座標変換

$$y^\lambda = y^\lambda(x^1, \cdots, x^n), \quad \lambda = 1, \cdots, n$$

を行なうと

$$f_i = \frac{\partial f}{\partial x^i} = \sum_\lambda \frac{\partial f}{\partial y^\lambda} \frac{\partial y^\lambda}{\partial x^i}, \quad df = \sum_\alpha \frac{\partial f}{\partial y^\alpha} dy^\alpha = \sum_{i,\alpha} \frac{\partial f}{\partial y^\alpha} \frac{\partial y^\alpha}{\partial x^i} dx^i$$

というように，i と λ の位置は規則通りで，上付きの i と下付きの i，また上付きの λ と下付きの λ に関して和を取っている．上付きの i と下付きの i が出てきたら，和を取るということにすれば $\sum_i$ を省いて $f_i dx^i$ と書いてもよいわけである．これをアインシュタインの規約と呼んだりする．しかし，誤解を避けるため，私は $\sum_i$ を省かない．

リーマン幾何では，たいていの幾何学者は，この便利な添字の規則を守っている．一方，線型代数の教科書は主に代数の人が書いているので，添字の位置はデタラメで統一性がない．

最後に，記号に関してまったく異なる注意をする．活字のイタリック体とローマン体についてである．通常の a はローマン体である．しかし，空間 M の点 a と書くときの a はイタリック体である．そのときの M も通常の直立した M（ローマン）と

異なり，少々傾いているが，これもイタリック体である．数学の式に出てくるアルファベットは，

　　　sin, cos, tan, log, lim, sup, max, dim, …

など，ローマンである．しかし，$\sin x, \log x, \cdots$ などの x はイタリックである．関数 $f(x)$ のときは，f も x もイタリックである．原則は，sine, cosine, tangent, logarithm, limit, … のような単語の略語はローマンにする．$\sin x$ の x は略語ではないからイタリックなのである．

　tan をイタリックにすると，t, a, n は独立した文字で，それらの積を表わすことになる．イタリックの tan を見て t, a, n の積と思う人はいないだろうが，id の場合，イタリックでは虚数の i と実数 d の積，ローマンなら identity(恒等)の略でどちらも数学で使われるから，原則を馬鹿にしてはいけない．

　数学の雑誌の編集をしていたとき，TeX で書かれた原稿で，こういった規則の守られていないのがかなりあったくらいだから，数学の論文，本を書いたことのない読者は，ローマン，イタリックの規則に気づいていないと思う．

II　数学史余聞

名は二人

　数学の定理や方程式には，コーシー–リーマン(Cauchy-Riemann)の方程式というように二人の名が付いたものがある．二人が共著の論文を書いた結果の場合もあるが，そうでない場合が多い．コーシーとリーマンのようにどちらも有名な数学者とは限らず，一人は有名で，もう一人はいったい誰なのだろうという場合がある．ここでは，二人の名が冠された定理，式を取り上げる．

　リーマン–ロッホ(Riemann-Roch)の定理というのを聞いたことのない数学者はいない．リーマンは数学のいたるところに出てくるので知らない人はいない．リーマン面，リーマン幾何（リーマン計量，リーマン多様体），リーマン積分，リーマン予想，…．一方，ロッホの名はリーマン–ロッホ以外に聞いたこともない．リーマン–ロッホの定理というのは

$$\ell(D) - \ell(K-D) = \deg(D) - g + 1$$

という等式である．これは代数関数に関する定理としても，リーマン面の定理としても述べられるが，記号の説明だけでも数頁は必要だし，とてもこの本で説明できる内容ではない．ロッホが誰で，何をしたかというのが話の目的だから，この等式のことは分からなくてよい．

リーマンは1826年9月17日に生まれ，1866年7月20日，40歳に満たずして結核のため療養先のイタリアで亡くなった．リーマンは1857年に，リーマンの不等式と呼ばれる

$$\ell(D) \geq \deg(D) - g + 1$$

という式を証明した(これは「アーベル関数の理論」という大きな論文の中にある)．一方，グスタフ・ロッホ(Gustave Roch)は1839年12月9日にやはりドイツで生まれ，電磁気学で学位をとった後，純粋数学に転向するためゲッチンゲンのウェーバーのところに行く．そこでリーマンの講義を聞いて1865年(25歳のとき)，リーマンの不等式を改良して，リーマン-ロッホの定理と呼ばれるようになった等式を証明した．

　その後，間もなく結核になり，療養にイタリアのベニスに行ったが，1ヶ月ほどで亡くなった(1866年11月21日)．まだ27歳になっていなかった．あまりにも短い一生で，人生これからという時期だったが，ハーレ大学で教職に就いていたから，当時のドイツでは無名ではなかったであろう．

　リーマン-ロッホと同じくらいよく耳にするのがガウス-ボンネ(Gauss-Bonnet)の定理である．ガウス(1777年4月30日-1855年2月23日)は数学のあらゆる分野に大きな足跡を残しただけでなく，いくつかの分野を創った巨人である．私はアルキメデス，オイラーとガウスを三大数学者と考えるが，誰が選ぶ三大数学者にもガウスは入るのではないか．

　ガウスがハノーバーの測量の理論的裏付けとして1827年頃に書き上げた曲面論は曲面の微分幾何をはじめて系統的に扱っ

たものと言えるであろう．そこで，ガウスは

$$\iint_T K dA = (\alpha+\beta+\gamma)-\pi$$

という式を得た．記号を説明すると，曲面上で3辺が測地線の3角形領域 T 上で，曲面の曲り具合を表わす曲率 K の積分が左辺である（曲率 K はガウスが発見したものでガウス曲率と呼ばれる．dA は面積要素と呼ばれ，ユークリッド平面上で積分するときの $dxdy$ に相当する）．右辺の α, β, γ は3角形の頂点の内角である．ユークリッド平面上の3角形の内角の和は π である．

　ユークリッド平面は曲っていないから曲率 K は0で，左辺，右辺ともに0で辻褄が合う．球面のように凸な曲面は $K>0$ で，その場合，内角の和は π より大きくなる．

　さて，オシアン・ピエール・ボンネ(Ossian Pierre Bonnet, 1819年12月22日-1892年6月22日)はフランスの数学者である．彼は上のガウスの公式を次のように一般化した．測地3角形より一般に曲面上で n 角形を考える．n 角形とは，閉曲線で囲まれた領域で，その閉曲線は n ヶ所で角があるが，それ以外の所では滑らかであるとする（ガウスが考えたのは $n=3$ で，滑らかな部分は測地線になっている場合である）．彼は，滑らかな曲線に対し測地的曲率というものを定義した．これは，曲線の曲り具合を表わす量で，測地的曲率が0となる曲線が測地線である．ボンネによる一般化された公式は，n 角領域 T に対して

$$\iint_T KdA = 2\pi - \int_{\partial T}\kappa_g ds - \sum_{i=1}^{n}\theta_i$$

と表わされる．ここで，右辺の積分は，領域の周囲 ∂T の滑らかな部分で測地的曲率 κ_g を積分したもので，θ_i は角(かど)の外角(＝π−内角)を表わす．$n=3$, $\kappa_g=0$ とすればガウスの式になる．この一般化された式がガウス-ボンネの定理である．

ここまで，曲面上の領域を考えたが，次に球面，楕円面，トーラス(輪環面)のように閉じた曲面 S を考える(正確には向きの付いた閉曲面を考える)．S を3角形領域に分割して，それらの領域にガウス-ボンネの定理を適用して，全部加えると，閉曲面に対するガウス-ボンネの定理

$$\iint_S KdA = 2\pi \cdot e(S)$$

が得られる．ここで $e(S)$ は S のオイラー数と呼ばれる数で，球面，楕円面なら2，トーラスなら0というように曲面のトポロジーで決まる．詳しいことは大学初年級の学生向けの曲面論の本に書いてある．

高次元の場合，すなわち，リーマン多様体の中の領域に対しては，ガウス-ボンネの定理の一般化は得られておらず，複雑で難しいと考えられる．

しかし閉じた(向きの付いた)リーマン多様体は閉曲面の場合と同じような定理が得られている．1940年にアレンデルファー(Allendoerfer, 1911-1974)とフェンヒェル(Fenchel, 1905-1988)がユークリッド空間の閉部分多様体に対し独立に証明，1943年にアレンデルファーとヴェイユ(Weil, 1906-1998)が共著の論文

で閉リーマン多様体に対し証明，1944年にチャーン(陳省身，1911-2004)が非常に簡単で，後に特性類の理論で重要となる転入写像の概念を含む証明を発表した．

一方，リーマン-ロッホの定理はヒルツェブルフ(Hirzebruch, 1927-2012)が1954年に高次元代数的多様体に拡張，さらにアティヤとシンガーが1963年に，閉多様体の楕円型微分作用素に対し指数定理を証明するに及んで，ヒルツェブルフの定理どころか，ガウス-ボンネの定理も特別な場合として一つにまとまったのである．

二人の名前が付いた定理の2つの例がこのように結びつくと，他の例は色褪せてみえる．Ascoli–Arzelà, Cartan–Kähler, Cauchy–Kovalevskaya, Navier–Stokes, Frenet–Serret, …などと切りがないが，数学的内容のやさしい例を2, 3取り上げよう．

ワイエルシュトラス(1815-1897)は現代解析の父と仰がれる．1885年に，有界閉区間 $[a, b]$ で定義された連続関数 f は多項式によって一様近似される，詳しく言うと，任意の $\varepsilon>0$ に対し，多項式 p_ε が存在して，$[a, b]$ 上で $|f(x)-p_\varepsilon(x)|<\varepsilon$ となるということを示した．トポロジーの言葉を使えば，$[a, b]$ 上の連続関数の環 $C([a, b])$ の中で多項式環 P が稠密であるということになる．

1937年に，ストーン(Marshall Stone, 1903-1989)は，これを次のように一般化した．X をコンパクト・ハウスドルフ空間，$C(X)$ を X 上の連続関数の環，A をその部分環とする．もし A が X の点を分離する(X の任意の2点 x, y に対し $f(x) \neq f(y)$ となる A の元 f が存在する)ならば，A は $C(X)$ で稠密である

という定理を証明した．これがストーン–ワイエルシュトラスの定理と呼ばれるものである．ストーンは1946から52年の6年間シカゴ大学数学科の主任として，ヴェイユ，チャーン，ジグムンド，マックレーンなどを集めるのに成功して，一流の数学教室を作り上げた．

次の例はコーシー–リーマン方程式．複素変数 $z=x+iy$ の連続な複素関数 $w=w(z)$ を考える．$w=u+iv$ とおいて

$$u = u(x, y), \quad v = v(x, y)$$

と実2変数 x, y の2実関数 $u(x, y), v(x, y)$ として考えると，$w(z)$ が複素解析関数であるための必要十分条件は

$$\frac{\partial u}{\partial x} = \frac{\partial v}{\partial y}, \quad \frac{\partial u}{\partial y} = -\frac{\partial v}{\partial x}$$

が成り立つことである．この式をコーシー–リーマン方程式と呼ぶ．

微積分に出てくるハイネ–ボレルの定理とは，ドイツのハイネ(Eduard Heine, 1821-1881)が有界閉区間 $[a, b]$ がコンパクトであると証明したのをフランスのボレル(Émile Borel, 1871-1956)がユークリッド空間の有界閉集合 X はコンパクトであるとしたものである．ここで X がコンパクトとは X の任意の開被覆が与えられていると実はそのうちの有限個ですでに覆われているということである．

この定理はボルツァノ(Bernard Bolzano, 1781-1848, イタリア生まれで，プラハに移住)が $\mathbb{R}^n$ の中の有界点列は収束する部分列を

II　数学史余聞

持つという形で 1817 年に証明し，後に，その重要性にワイエルシュトラスが気づいて使い出したのでボルツァノ-ワイエルシュトラスの定理と呼ばれるようになったものと同じである．

　2004 年にクレイ研究所が 100 万ドルずつの賞金付きの問題を 7 つ発表したが，そのうち，解けているのはポアンカレ予想だけで，解答者のロシアのペーレルマンが賞金を辞退した話は有名である．じつは上に説明なしでいくつか挙げたうちのナヴィエ-ストークス(Navier-Stokes)方程式を理解するというのが 7 問題の一つである．また二人のイギリスの数学者バーチ(Birch)とスイナートン=ダイヤー(Swinnerton-Dyer)の名を冠したバーチ-スイナートン=ダイヤー予想も問題の一つである．

III

ギリシャ数学の魅力

古代ギリシャ数学をたずねて

　他の動物とは違って，人間は食べるだけでは満足せず精神的なものも求めていたことは，ショヴェ，ラスコ，ペシュ・メルルなどフランス，その他のヨーロッパの数多くの洞窟に残っている動物を描いた壁画からも分かる．同様に何千年も昔から人間は音楽を楽しんできた．

　また，今では山奥に入らなければ経験できない真っ暗な夜空に降るように輝く無数の星々を眺めて詩人になる人もいれば，不思議な動きをする星があることに気づき，なぜだろうと考える人もいて天文学が生まれた．また古代エジプトでは，毎年ナイル川の氾濫の後に土地を測量し直す必要がありロープで長さを測ったり，直角を作ったり（辺が3：4：5の3角形を作って），面積を求めたりした．こうして，geometry（土地の測量のギリシャ語）も生まれた．

　壁画よりずっと後の時代になるが，古代ギリシャでは「学ぶもの」といえば，幾何学，数論，天文学，音楽を意味した．当時の天文学は球面幾何を含み，また音楽においては調和音程の数学を論じた．これらは原理的なことからきちんと学んでいかなければならない科目と考えられていた．

　その上，ギリシャ人は数論を次のように幾何学的に考えていた．ある1つの長さを固定してそれを1と考え，その2倍，3

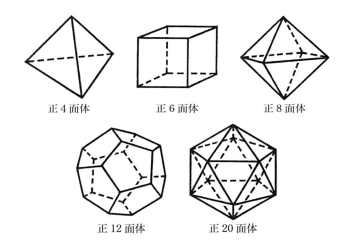

図1 プラトンの正多面体

倍，…，の長さを 2，3，…，と考えた．6 倍の長さを 6 と考える一方，2×3 は辺の長さが 2 と 3 の長方形の大きさ(面積)と考え，長さの 6 とは区別した．言い換えると，単位の長さ 1 を 1 cm とすると，6 cm と 6 cm² を区別したのである．

2×3×5 は 30 cm³，すなわち，1 単位 1 cm³ の立方体 30 個分の大きさ(体積)と考えた．したがって

$$x^2 - 5x + 6 = 0$$

のような 2 次式では x と 5 は長さ，x^2 と $5x$ は面積を表わすから，6 も面積を表わすべきだと思って解くのである．次元の異なるものを足したりしないのである．ユークリッド『原論』でも，代数もこのような幾何学的な考えで書かれている．

ソクラテス(前470?-前399)の弟子だったプラトン(前427-前347)は若いときイタリアにピタゴラス学派を訪ね，幾何学の真価を知り，アテネに戻ると，哲学塾の入口に「幾何学を知らざる者はこの門を通るべからず」と看板を掲げた．正4面体，正6面体，正8面体，正12面体，正20面体などプラトンの正多面体(図1)と呼ばれるものをプラトンは遺したが，彼の数学への貢献は，それよりも，正確な定義，明白な仮定，厳密で論理的な証明の大切さを教え，役立つような応用面を幾何学に求める実利主義に反対し純粋に知的活動の貴さを説いたことにある．このことが精神的純愛を意味するプラトニック・ラブの語源になった．

　プラトンがピタゴラス学派を訪ねたと書いたが，ピタゴラス自身は前582?-前500年頃の人でサモス島出身，若い頃エジプト，バビロンに旅した後，東南イタリアのクロトンに数学と哲学に基づいた秘密結社の如きものを創り，主に数論の研究をした．プラトンが生まれる数十年前にピタゴラスは世を去っていたので，彼が会ったのはピタゴラスから二世代，三世代後の学派の人たちであったのであろう．

　古代の大きな文明にはすべて数学的遺産がある．しかし，その中でもユークリッドの『原論』に代表されるギリシャ数学は特別で，現代にまでその影響は残っている．

リンカーン大統領とユークリッド

　ギリシャの数学が，エジプト，バビロニア，その他の古代文明の数学と一線を画すのは，ユークリッドの『原論』にみられるように，いくつかの原理，定義，公理から出発して，命題をきちんと述べ，証明するという考え方にある．そこでは，少しの妥協もせず，これ以上は減らせないというぎりぎりの5つの公理から順を追って命題を次々と証明していく．

　公理に基づいて，命題を厳密に論証するという数学がギリシャ文明においてのみ可能であったというのは実に不思議である．ギリシャ科学史の伊東俊太郎氏によると，古代ギリシャの都市国家は，対等な資格をもつ市民が互いに意見を出し，根拠を問われたときには，きちんと筋道を立てて説明し相手を納得させるという社会であったからこそ，論証的数学が形成されたのだという．専制支配の下では，知識でさえも上から与えられたものを「なぜ」と問うことなく，伝統的に受け継がれていくような風土では困難であったと考えられるということである（伊東俊太郎『ギリシア人の数学』講談社学術文庫，1990 参照）．

　伊東氏の記述は，リンカーンに関する次の話と一脈通じるものがある．ケンタッキーの田舎の丸太小屋で生まれ，小学校にさえもほとんど行けず，両親は字が読めないという家庭で育ちながらも，独学で弁護士になり，政治の世界に飛び込んで第

16代米国大統領になり，奴隷解放を成し遂げたアブラハム・リンカーンの話は小学生でも知っている．

しかし，そのリンカーンが大統領に立候補したとき，経歴の一部として，「ユークリッドの『原論』の最初の6巻を習得した」と述べている(S. Bochner, "Role of Mathematics in the Rise of Sciences"(村田全訳『科学史における数学』みすず書房，1970))．これに関して，なぜユークリッドなどを勉強したのかと問われたとき，リンカーンは「弁護士は常に"demonstrate"(論証せよ)と要求される．それで「証明する」とはどういうことかを学ぶにはユークリッドを勉強するのが一番よいと思った」と答えたそうである．

裁判で勝つには，裁判官や陪審員に筋道を立てて論証し，納得させなければならない．これは伊東氏の説とも相通じるものかと思われる(因みに，命題の終りに書いてある Q.E.D. はラテン語の quod erat demonstrandum(これが証明されるべきことであった)の頭文字で demonstrate とは証明するということである)．

伊東氏がギリシャの数学を「一分の妥協も譲歩もなく」と言っているように，単に論証を大切にするということ以上のものをギリシャの数学に感じる．これは，詩人の多田智満子さん(1930-2003)が，だいぶ前の『文芸春秋』誌だかに，「古代ギリシャに惹かれるのは，その文明の若さに惹かれるのだ，時代が古いということは人類として若いのだ．我々は紀元前二千年の人々より四千年老いている」というようなことを書いておられたのを思い出す．「一分の妥協も譲歩もなく」というのはまさ

に若さの表われであろう．

　詩人がホメロスの詩にギリシャ文明のもつ若さを感じるように，数学者もまたギリシャの数学にギリシャ文明の若さを感じる．

ユークリッドの『原論』

　ユークリッド(前330?-前275?)は著書『原論』によって歴史上最も広く知られた数学者であるにもかかわらず，彼の生涯についてはほとんど何も知られていない．『原論』には，プラトンが唱えた論証の仕方の影響が見られるので，プラトンの弟子から数学を学んだのではないかと考えられている．

　時代的にはマケドニアのアレクサンダー大王(前356-前323)が活躍した頃で，彼が創建したエジプトの都市アレクサンドリアは，彼の死後，将軍のプトレマイオスに受け継がれた．プトレマイオス朝は300年近く続いた．

　このプトレマイオス一世に招かれたユークリッドは，アレクサンドリアに移り，学派を創り教えたので，アレクサンドリアのユークリッドとよばれるようになった．ギリシャ圏内から優秀な学生が集まり数学のセンターとなった．前285年から前246年までエジプトを統治したプトレマイオス二世はアレクサンドリアをますます繁栄に導き，学問を奨励し，大図書館を造った(図1)．

　弟子の一人が，ユークリッドに「幾何学を学ぶと何か役立つのでしょうか」と尋ねたとき，召使いに，「この者は学ぶことにより利益を得ようとしているのだから，1文恵んでやれ」と言った話，また，国王プトレマイオスが，「幾何学を理解する

図1 古代ギリシャの世界

近道はないのか」と尋ねたときには,「幾何学への王道はありません」と答えたという話が伝わっている.

『原論』では,これ以上は減らせないというぎりぎりの5つの公理(表1)から順を追って次々と命題を証明していく.最初の2つの公理は,目盛りの付いていない定規(長さに制限はない)を使うことを許すものであり,公理3は,2点 A, B が与えられたとき,A を中心とし,B を通る円を1つ描くことができるというものである.

2本の直線が交わったときの隣接角が等しいとき,それを直

表 1　ユークリッドの『原論』での 5 つの公理

公理 1．任意の 1 点から他の 1 点に対して直線を引ける

公理 2．有限の直線を連続的にまっすぐ延長できる

公理 3．任意の中心と半径で円を描ける

公理 4．すべての直角は互いに等しい

公理 5．直線が 2 直線と交わるとき，同じ側の内角の和が 2 直角より小さい場合，その 2 直線が限りなく延長されたとき，内角の和が 2 直角より小さい側で交わる

角と定義して，公理 4 は，どの(どこにある)直角も互いに等しいとしている．公理 5 は平行線の公理ともよばれる有名な公理だが，これについては後で述べることにして，公理 3 について，少々注意しておく．

『原論』の最初の 2 つの命題だけ述べてみる．

命題 1　与えられた線分 AB を 1 辺とする正 3 角形を描くことができる．

この証明はやさしい．

命題 2　線分 AB と点 C が与えられたとき AB と同じ長さの線分を C から引くことができる．

コンパスの針を A に立て，コンパスに付けた鉛筆の先が B にくるようにコンパスを開いて，開き具合が変わらないようにそれを動かして，針を C まで持っていき円を描けば，その円周上の任意の点と C を結ぶ線分が求めているものである．しかし公理 3 を注意深く読めば，そういう通常のコンパスの

使い方は許されていないのである．

　公理3はAを中心としてABを半径とする円は描けるが，他の点Cを中心としてABを半径とする円を描けるとは言っていないのである．すなわち，コンパスを紙から離したら一度たたまなければいけないのである．

　命題2は，公理3の制限の下でも，頭を働かせればCを中心として半径ABの円が描けるといっているのである．公理1から4と命題1しか使えるものがないのであるから，何も難しい数学の知識なしで証明できるはずである．命題1のようにやさしくはないが，証明は問題として残しておく（拙著『ユークリッド幾何から現代幾何へ』日本評論社，1990参照）．証明はできなくても，後の話を読むのに差し支えはない．

　昔は，中学校でユークリッド幾何をきちんと教えていたが，命題2の証明がやさしくないので，通常，命題2の主張を公理4の代りにしていた．コンパスの通常の使い方を許していたわけである．

　いよいよ平行線の公理だが，次のように要約できる．

　公理5(平行線の公理)　2直線と交わる1つの直線が同じ側につくる内角の和が2直角より小さいならば，2直線をその側に延ばせばどこかで交わる．

　ユークリッドは，公理1から4だけを使って命題1から28までを証明している．命題29と30では公理5を使うが，31では再び公理5を使っていない．命題31とは

　命題31　直線 ℓ と，それに含まれない点 A が与えられたとき，A を通り ℓ に平行な直線 ℓ' を引くことができる．

III　ギリシャ数学の魅力

というものである.

そして, そのような ℓ' が唯一つしかないというのが公理 5 の言い換えであることは容易に分かる.

このような『原論』の徹底した態度こそが, 後世の数学者をして, 平行線の公理を公理 1〜4 から証明しようという試みに駆り立てることになったのである. そして, ユークリッドから 2000 年以上も経った 19 世紀に入って, ハンガリーのヤーノシュ・ボーヤイ, ロシアのロバチェフスキー, ドイツのガウスによって, 公理 1〜4 は成立するが, 平行線の公理が成立しない幾何, 双曲幾何が発見された. これは数学史において特筆すべき事件であった.

ここで注意しておきたいのは, 公理 1〜4 を満たす幾何はユークリッド幾何か双曲幾何に限るということである. 後になってみれば, 双曲幾何はいつか発見されるべき運命にあったということである.

2次方程式を解く

古代ギリシャでは代数も幾何学的に考えたということをすでに書いたが，ここでは2次方程式の幾何学的解法を説明する．2次の係数で式を割っておいてx^2の係数は1とする．与えられた式を

$$x^2 - ax + b^2 = 0$$

とする．b^2のところをcと書かないのは，はじめに説明したように数a, xを長さと考えるから，x^2, axは面積を表わす．次元の異なる量を足したり引いたりできないから定数項も面積を表わさなければならないのでb^2と書いたのである．ともかく，与えられた上の式を解く．

図1のように，長さaの直線ABを引き，その中点をCとする．Cから長さbの垂線COを下ろす（ここで，$b \leq \dfrac{a}{2}$と仮定するが，その理由は後で説明する）．

点Oを中心とする半径$\dfrac{a}{2}$の円とABの交点をD, Eとする（DはCB上，EはAC上にとる）．DBの長さをxと書いたとき，それが

$$x^2 - ax + b^2 = 0$$

の解になることを示す．ピタゴラスの定理により

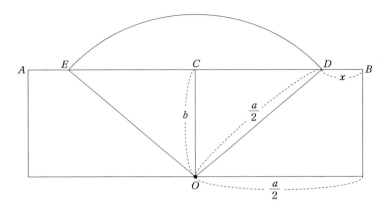

図1 2次方程式を解く

$$(OC)^2 = (OD)^2 - (CD)^2$$

すなわち，図1からわかるように，BD の長さを x とすれば，

$$b^2 = \left(\frac{a}{2}\right)^2 - \left(\frac{a}{2} - x\right)^2$$

となる．右辺を整理すれば，$ax - x^2$ だから

$$b^2 = ax - x^2$$

となる．上で $b \leq \dfrac{a}{2}$ と仮定したが $b > \dfrac{a}{2}$ だと，O を中心とした半径 $\dfrac{a}{2}$ の円が AB と交わらない．これは中学で習った解の公式

$$x = \frac{a \pm \sqrt{a^2 - 4b^2}}{2} = \frac{a}{2} \pm \sqrt{\left(\frac{a}{2}\right)^2 - b^2}$$

から分かるように平方根の中が負になり実解がないことに対応している．

　上で，D を選んだが，E を選んでも同じことである．ピタゴラスの定理で

$$(OC)^2 = (OE)^2 - (CE)^2$$

すなわち

$$b^2 = \left(\frac{a}{2}\right)^2 - \left(x - \frac{a}{2}\right)^2 = -x^2 + ax$$

となり，同じ方程式を得る．ここで x は BE の長さである．

　与えられた 2 次方程式の x の係数を負としたのは，正だと正の解 x が存在しないからである．このように，幾何学的方法で解くときには，長さが負では困るので，一般の場合を扱えないのである．幾何学的考え方に後々まで引きずられ，3 次方程式，4 次方程式を解く場合，当時は係数の正負により式のタイプを区別したので問題を複雑にした．

ピラミッドとプリズム

2011年7月号の『数学セミナー』(日本評論社)の「エレガントな解答」として次のような記事があった．問題は「立方体のチョコレートケーキをまったく同じに3等分せよ」というもので，周囲(6面)に塗ったチョコレートまで平等にというわけである．

答は図1のような立方体に対し，1つの頂点を G と呼ぶことにして，G を含まない面(全部で3個ある)を底面とし，G を頂点とする正方錐を作る．図では正方形 $ABCD$, $AEHD$, $ABFE$ が G を含まない面である．

チョコレート云々という条件がなければ，誰もこのような面倒な切り方をせず，普通に3等分してしまう．それでは面白くない．上のような3個の錐に分けることにより，各錐の体積が立方体の体積の1/3であることが分かる．そう考えると，錐の体積について習ったことを思い出す人もいるであろう．

一般に，平面上の図形 K，たとえば3角形，4角形，円を1つ取り，その平面の外に1点 V を取ったとき，V と K の点を結ぶ線分を全部合わせると3次元の物体が得られる．これを錐と呼ぶ．底面 K が3角形なら3角錐(4面体の一種)，K が4角形なら4角錐，円なら円錐である．V を錐の頂点と呼ぶ．大工道具の錐のような形だから錐という名がついた．

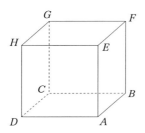

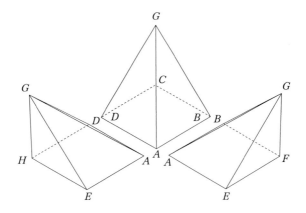

図1　立方体をしたチョコレートケーキの3等分．3つの錐がピラミッドと呼ばれる

さて，K を底面として，V と同じ高さの筒を考える．たとえば，(x, y, z) 座標で，平面 $z=0$ 上の円 $x^2+y^2 \leq a^2$ を底面とし，$(0, 0, h)$ を頂点とする円錐に対し，$x^2+y^2 \leq a^2$, $0 \leq z \leq h$ によって定義される円筒を考える．このとき円の面積は πa^2 だから，円筒の体積は $\pi a^2 h$ である．円錐の体積はその $1/3$，すなわち $\frac{1}{3}\pi a^2 h$ であることが知られている．

微積分を使えば簡単に証明できるが，微積分を習う前に

III　ギリシャ数学の魅力　　77

$\frac{1}{3}\pi a^2 h$ という公式を習ったとすれば，証明抜きで，結果だけ教えてもらったのだろう．

驚くべきことに，このことはユークリッドの『原論』の第 12 章で証明されている．第 11 章でユークリッドは錐の定義をする(定義 12)．ただし，ユークリッドはそれをピラミッドと呼んだ．本物のピラミッドは前 2700 年頃から盛んに建設されたようで，すべて底面は正方形である．

ユークリッドの数学的ピラミッドの底面はもっと一般な図形だが，主に 3 角形の場合を考えた．多角形を底面とする錐(角錐と呼ばれる)は多角形を 3 角形に分割することにより，3 角錐を合わせたものと考えればよいので，一般の角錐の問題はたいてい 3 角錐の場合に帰着される．ともかく，イメージとして，ピラミッドという名はなかなかよいと思う．

次はプリズムの定義である(定義 13)．平行な 2 平面上に，同じ形の多角形，たとえば n 角形，を 1 つずつ取って，一方を T，他方を T' と呼ぶことにする．T と T' は形がまったく同じ(合同)であるだけでなく平行だと仮定し，さらに T の各辺と対応する T' の辺を結ぶと平行 4 辺形になっているとする．T と T' が n 角形だとすると，T と T' が張る n 個の平行 4 辺形で囲まれる固体をプリズムと呼ぶ(図2)．

ユークリッドの時代に，現在われわれが考えるようなプリズムがあったわけではないが，「鋸(のこぎり)を引いてできた物」を意味するギリシャ語(プリスマ，$\pi\rho\hat{\iota}\sigma\mu\alpha$)に由来する名であろう．$T$ と T' をプリズムの底面，T と T' の間の距離をその高さと呼ぶ(図では $\triangle ABC$ が T，$\triangle DEF$ が T')．

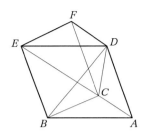

図2　プリズム

そして，第12章の命題5で，

「底面が3角形で，高さが等しい2つのピラミッドの体積は底面の面積に比例する．特に2つの3角形の面積が等しければ，ピラミッドの体積も等しい」

を証明する．この命題を使って，ユークリッドは命題7

「3角形を底面とするプリズムは，3角形を底面とする相等しい体積を持つ3個のピラミッドに分割される」

を証明する（図2）．

証明の要点だけ書く．底面 ABD，頂点 C のピラミッドを C-ABD と書くことにすれば，3角形 EBD と3角形 ADB は平行4辺形を対角線で2等分したものだから合同で，ピラミッド C-EBD とピラミッド C-ADB は命題5により等しい体積を持つ．ピラミッド C-DEB とピラミッド D-EBC は1つの4面体を底面と頂点の選び方を変えて異なるピラミッドのように考えただけだから，体積はもちろん等しい．

同様に平行4辺形 $EBCF$ を EC で2等分することにより，ピラミッド D-EBC とピラミッド D-ECF の体積は等しい．こ

れで，与えられたプリズムは，体積の相等しい3個のピラミッド $C\text{-}ABD$, $D\text{-}EBC$, $D\text{-}ECF$ に分割されていることが分かった．

命題5の証明は，ユークリッド幾何の範囲でできるのだが意外と難しい．ここでは証明しないことにする．

終りに，

$$錐の体積 = \frac{1}{3}(底面の面積 \times 高さ)$$

となることを微積分を使って直接に証明しておく．計算の便宜上，原点を頂点としてピラミッドを逆さにして考える．簡単のため3角錐とするが，証明は n 角錐でも円錐でも通用する．

錐を高さ t で切ったときの3角形を $T(t)$ とすると，$T(t)$ の辺の長さは t に比例する．したがって，その面積 $A(t)$ は t^2 に比例する．すなわち，$A(t) = at^2$（a は比例定数 $A(1)$）．与えられた3角錐の高さを h とすると，$A(h) = ah^2$ が底面の面積である．3角錐の体積 V は

$$V = \int_0^h A(t)dt = \int_0^h at^2 dt = \frac{1}{3}at^3 \Big|_0^h = \frac{1}{3}ah^3$$

で与えられる．したがって

$$V = \frac{1}{3}(ah^2 \times h) = \frac{1}{3}(底面の面積 \times 高さ)$$

が証明された．

地球の大きさを測った男

 ギリシャ数学の話をするとき，ぜひ触れておきたいのが，エラトステネス(前274?-前194)である．彼はユークリッドより少々後の人だが，地球の直径を簡単な観測と計算で求めた人として知られている．

 彼の方法を説明すると，アレクサンドリアの南にあるシエネ(現在のアスワン)では夏至の日の正午に太陽が真上にくることが知られていた(深い井戸の底まで太陽の光が届く)．その時刻にアレキサンドリアで太陽の光の入射角を観測すると7度2分，ちょうど360度の1/50であるから，シエネ，アレクサンドリア間の距離の50倍が，地球の円周の長さに等しいという非常に簡単な原理である(図1)．

 この2都市間の距離が5040スタジオンであることから，地球の周の長さは25万2000スタジオンとした．アテネで使うスタジオンは185 m，エジプトでは157.5 m，もしエジプト流のスタジオンを使ったとすると，周の長さは3万9690 km．これは，北極と南極を通る大円の長さの実測値4万0008 kmと較べて誤差は0.8%という驚くべき結果になる．もしアテネ流のスタジオンを使ったとすると，周の長さは4万6620 kmであるから，誤差は15%という結果になる．シエネがアレクサンドリアの真南より少し東寄りにあるので，2都市は同じ経

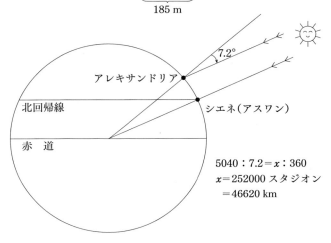

図1 地球の大きさの測り方

線上にはないこと，それよりも，2都市間の距離を測る方法はなかったので，駱駝に乗って行ってかかった時間から割り出した数字を使ったことによる誤差を考えると，エラトステネスの結果は割り引きして受けとめる必要はある．

彼は南北回帰線の間の距離が地球の周の長さの $\frac{1}{24}$ であるという結果も得ていて，これは黄道の傾きが 23°51′ であることを意味するが，この値は現在の観測値 23°27′ とよく一致している．

当時の観測の道具で，これだけの結果を出す知恵というものはすごいと思う．それにしても，古代ギリシャ人が地球が丸いことを知っていたのに，コロンブスの時代(15世紀)になって

も，地球は平たいと思っていた人々がいたのは不思議である．ギリシャ人たちは，地中海の中だけとはいえ，海洋民族だったから，水平線の彼方に船が消えていったり，水平線から船が現われるのを見て地球が丸いことに気がついたのだろうか．しかし，それなら地平線に沈む太陽を見れば地球上のどの民族も同じように気がつくはずである．ギリシャでは数学と同時に天文学も進んでいたので分かったのが理由だろうか．

　数学者にとっては，エラトステネスはむしろ素数を組織的に拾い出す方法を考えた人として知られている．自然数を 1, 2, 3, 4, 5, 6, 7, … と順に書きならべ，2 以外の 2 の倍数 4, 6, 8, … を線を引いて消し，次に 3 以外の 3 の倍数 6, 9, 12, … を消す（すでに 6 は消されているので，もう一度消されることになる）．すでに 4 は消えているから，次は 5 に進み，5 以外の 5 の倍数 10, 15, 20, 25, 30, … を消す．このときはじめて消されるのは 25, 35, 55, … だが，機械的にやるために，何度でも同じ数に消す印を付けていく．これを続けると，2, 3, 5, 7, 11, … と素数だけが残る．これをエラトステネスの篩の方法と呼ぶ．

アルキメデスとキケロ

　エラトステネスの十数年後に生まれたアルキメデス（前287?-前212）はエラトステネスの友人でもあった．アルキメデスの全集（といっても失われずに残った仕事だけなのだが）の（編者 T. L. ヒースによる）第1章を参考にしながら，アルキメデスの生い立ちについて少々書くことにする．

　シシリー島の南東部の町シラクサで，紀元前287年頃生まれた彼は，シラクサの王の親類だったともいわれているし，父は天文学者だったようなので，ともかく，裕福な家に生まれたことは確かであろう．

　若い頃，アレクサンドリアに長く滞在して，ユークリッドの後継者たちから数学を学んだ（ユークリッドは前275年頃死んでいるので，直接教えを受けることはなかった）．アレクサンドリアではエラトステネスの外に，サモス島のコノンとも親しくなり，後に新しい結果を得ると，発表する前にコノンに知らせていた．

　アレクサンドリアからシラクサに戻ったアルキメデスは，数学の研究に没頭した．時に巧妙な機具を発明するのでよく知られていたが，それは数学からの気分転換にやったことで，そのような発明は重要なこととは考えず，書いた記録は残さなかった．

小学生でも知っている話だが，シラクサの王から，王冠が純金か混りものがあるかを調べてほしいと頼まれたアルキメデスは，風呂に入ったとき，湯が浴槽から溢れるのを見て「分かった，分かった」と叫びながら裸で走り出したといわれている．

　これは万有引力の発見になぞらえたニュートンのリンゴと同じように，浮力の原理の発見を面白く伝えるために作られた話だろう．また梃子（てこ）の原理についても，足場と十分長い梃子さえくれれば地球でさえも動かしてみせると言ったとか，いろいろな逸話がある．

　第2次ポエニ戦争のとき，カルタゴ側についたシラクサの町は，圧倒的なローマ軍の攻撃を受けたが，アルキメデスが次々と新しい機械，兵器を作ってローマ兵を悩ませた．巧妙に作られた弩砲（どほう）は近くの敵に向けても，遠くの敵に向けても矢や石を発射することができた．

　起重機のような物で敵の船首を持ち上げたりしたので城壁の上に何か新しい物が現れるとローマ兵は恐れをなして退却した．そこでローマの将軍マルケルスは無理な攻撃をせず包囲作戦に出た．シラクサは前214年から前212年の3年にわたって籠城，抵抗したが，ついに前212年に陥落した．天才アルキメデスを非常に尊敬していたマルケルスは兵士にアルキメデスを殺さずに捕えるように命令した．にもかかわらず，地面に円を描いて数学に没頭していたアルキメデスがローマ兵を無視して動かなかったので兵士に刺されてしまった．

　アルキメデスの最後については，少しずつ違ういくつかの説がある．われわれがアルキメデスについて今日知っていること

は，主に 1 世紀のギリシャの伝記作家プルターク(46?-120?)が書いた将軍マルケルスの伝記に依るところが大きい．ドイツのフランクフルトの美術館でアルキメデスの最後を描写したモザイクの床を見たことがあるが，他にも同様の場面を描いたものがあるかも知れない．

　遺言により，球に外接する円筒を表わす墓が建てられた．これは，「球と円筒」という 2 編の論文を彼が最も誇りにしていた証しである．雄弁家として名を残したキケロ(前 106-前 43)がシシリー島の検察官になったとき(前 75 年)，なおざりにされていたアルキメデスの墓を修復したが，今は墓がどこにあったのかも分からなくなってしまった．

アルキメデスの墓碑に書かれた図形

図1のように円筒に内接する半径 r の球を考える．説明上，球を地球儀のように考え，赤道に沿って円筒に接しているとする．N は北極，S は南極である(図2)．以下，北半球だけ考える．

赤道と北緯 30 度線で挟まれる帯，30 度線と 60 度線で挟まれる帯，60 度線より北のキャップ(縁なし帽子(図1))，この3領域の面積はどの順に大きいだろうか．

まず，キャップの面積から考える．60 度とは限らず勝手な緯度を考える．また，度数はラジアンで表わす(ラジアンとは，角の大きさを表わす単位で，半径1の円周(2π)における弧の長さで表わす．たとえば，$90°=\pi/2$ ラジアン)．まずアルキメデスは，キャップの面積は，北極から縁までの直線を半径とする円の面積に等しいことを主張する．図2の直線 NA を半径とする円である．式で書けば，縁が α ラジアンの緯度線，球の半径が r のとき，

$$AA' = r\cos\alpha, \quad A'O = r\sin\alpha, \quad NA' = r(1-\sin\alpha)$$

だから，ピタゴラスの定理により

$$NA = r\sqrt{\cos^2\alpha + (1-\sin\alpha)^2} = \sqrt{2}\,r\sqrt{1-\sin\alpha}$$

III ギリシャ数学の魅力

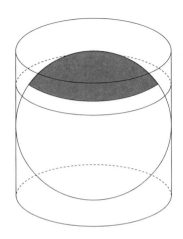

図1 円筒に内接する球

となる．したがって，NA を半径とする円の面積は

$$2\pi r^2(1-\sin\alpha)$$

これは，キャップの高さ $NA'=r(1-\sin\alpha)$ と赤道の周囲の長さ $2\pi r$ の積である．または，球に外接する円筒上の線分 $N''A''$ を軸 ON のまわりに回転してできる帯の面積でもある(図2)．

緯度 β ラジアンに対しても同様に点 $B,\ B',\ B''$ を取ると，

$$BB'=r\cos\beta,\quad B'O=r\sin\beta,\quad NB'=r(1-\sin\beta)$$

だから，

$$NB=\sqrt{2}\,r\sqrt{1-\sin\beta}$$

そして，NB を半径とする円の面積は

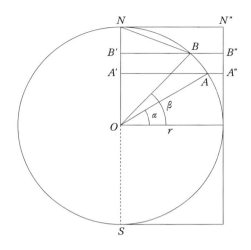

図2 円筒に内接する球を輪切りした図

$$2\pi r^2(1-\sin\beta)$$

となる．ここで，アルキメデスの主張を認めると，緯度 α より北のキャップ，緯度 β より北のキャップの面積は，それぞれ

(*) $\qquad 2\pi r^2(1-\sin\alpha),\ \ 2\pi r^2(1-\sin\beta)$

ということになる．この2つの差が，緯度線 α, β で挟まれる帯の面積である．$\beta>\alpha$ として，差を計算すると

$$2\pi r^2(\sin\beta-\sin\alpha)$$

となる．これを $2\pi r\cdot(r\sin\beta-r\sin\alpha)$ と考えると，円筒上の

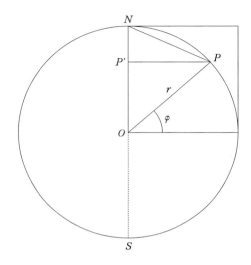

図3 アルキメデスの主張を積分で確認する

線分 $A''B''$ を軸 ON のまわりに回転して得られる帯の面積でもある．

これで冒頭に述べた質問に対する答えは，3領域の面積がそれぞれ πr^2, $\pi r^2(\sqrt{3}-1)$, $\pi r^2(2-\sqrt{3})$ であるから，赤道と北緯30度線で挟まれる帯の面積が一番大きく，60度線より北のキャップの面積が一番小さいことになる．

アルキメデスはドシテウス宛に書いた「球と円柱についてI巻」において，半径 r の球面の面積が $4\pi r^2$ であること（論文の命題33）を証明し，その方法を適用して，上の主張（命題42）を証明している．彼の命題42は特に北半球の面積は $2\pi r^2$ となることを示していて，命題33の一般化となっていることは

言うまでもない．

アルキメデスの証明は難しいので，ここでは，微積分による証明を説明する．

図3で，角 φ とともに動く円周上の点を $P=P(\varphi)$ と書く．

点 P を NS を軸として回転してできる球面上の点，このとき，半径を $P'P(=r\cos\varphi)$ とする円周の長さは $2\pi r\cos\varphi$ で表わされる．φ を少しだけ動かして $\varphi+\Delta\varphi$ とする．そのとき $P(\varphi)$ は $P(\varphi+\Delta\varphi)$ に動く．円弧 $\overparen{P(\varphi)P(\varphi+\Delta\varphi)}$ の長さ $r\Delta\varphi$ は $\Delta\varphi$ が小さければだいたい弦 $\overline{P(\varphi)P(\varphi+\Delta\varphi)}$ の長さに等しい．したがって円弧 $\overparen{P(\varphi)P(\varphi+\Delta\varphi)}$ を NS を軸として回転してできる曲面の面積はだいたい $2\pi r\cos\varphi\, r\Delta\varphi$ である．したがって，積分

$$\int_\alpha^{\pi/2} 2\pi r^2 \cos\varphi\, d\varphi = 2\pi r^2(1-\sin\alpha)$$

が緯度 α より北のキャップの面積である．これがアルキメデスの主張である．

無限小を考える

われわれはこれまでに円周の長さは半径の 2π 倍というよく知られた結果を使った．むしろ，それが π の定義であるといってよいだろう．日本には円周率というよい言葉があるが欧米では単に π(英語読みではパイ)と書く．

アルキメデスは，π の値を求めるため，すなわち円周の長さを求めるために，円に内接する正 n 角形と，外接する正 n 角形の周の長さを計算し，円周の長さの下限と上限を求めた．実際に，$n = 3 \cdot 2^k$, $k = 1, 2, 3, 4, 5$ に対し，正 n 角形の周の長さを計算して π の近似値を得た．

$$3\frac{10}{71} < \pi < 3\frac{1}{7}$$

この計算についての詳細は拙著『円の数学』(裳華房，1999)を参照．

こうして，n を限りなく大きくすると，内接正 n 多角形の周の長さと，外接正 n 多角形の周の長さが近づく共通の極限として円周の長さが得られるという原理を与えたのであった．

彼は，球の表面積を求める際にも同様に内接する多面体と外接する多面体の表面積を考え，多面体の各面をだんだんと小さくするという方法を使った．

これは，ほとんど積分の考え方に近いのだが，無限小とか無限大に対して古代ギリシャ人は不信を持っていた．この不信感はエレアのゼノン(前 450 年頃の人)のいくつかのパラドックス(たとえば亀が先に出発してある距離を行ったところで，アキレスが亀を追いかけると，亀がいたところまでアキレスが着いたときには，その間に亀は少し先まで行っている．アキレスがそこまで行く間に亀はまたほんの少し先まで行っている．これをいくら繰り返してもアキレスは亀に追いつかない)の影響もあったのであろう．

　しかし，もっと重要なのは曲線の長さ，曲面の面積とは何か，すなわち，その定義が明白でないことにアルキメデスは気づいていたのである．たとえば曲線上にいくつか点を取り，それを順に線分でつないで得られる折れ線の長さは曲線の長さ(定義されたとして)より短い．点をもっと多く短い間隔で選んでも，依然として折れ線の長さは曲線の長さより短い．点の数を無限にふやし，点の間隔を無限に小さくしたときの極限として曲線の長さを定義するのが自然であるが，この定義だと，連続な曲線でも長さが定義されないことがある．

　たとえば

$$f(x) = x \sin \frac{1}{x}, \quad x \neq 0$$

という関数を考える．$\lim x \sin \dfrac{1}{x}$ は x が 0 に近づくと，0 に近づくから，$f(0)=0$ と定義すれば，$f(x)$ はどこでも連続になる．$y=f(x)$ のグラフは図 1 のように，直線 $y=x$ と $y=-x$ に挟ま

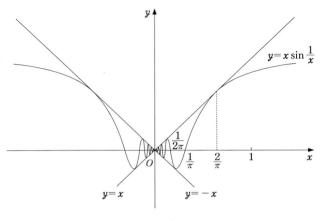

図1　$y = x \sin \dfrac{1}{x}$ のグラフ

れた波状のようになる．周期は原点に近づくと短くなり，振幅も小さくなる．

$x_0, x_1, x_2, \cdots$ を

$$\frac{1}{x_k} = \frac{2k+1}{2}\pi \qquad (k = 0, 1, 2, \cdots)$$

によって定義すれば

$$(x_0, f(x_0)) = \left(\frac{2}{\pi}, \frac{2}{\pi}\right), \quad (x_1, f(x_1)) = \left(\frac{2}{3\pi}, -\frac{2}{3\pi}\right),$$
$$(x_2, f(x_2)) = \left(\frac{2}{5\pi}, \frac{2}{5\pi}\right), \quad \cdots$$

周波は点

$$(x_k, f(x_k)) = \left(\frac{2}{(2k+1)\pi}, (-1)^k \frac{2}{(2k+1)\pi}\right)$$

において k が偶数なら直線 $y=x$ に接し，k が奇数なら直線 $y=-x$ に接する．これらの点を順に線分でつないで得られる折れ線の長さを求める．

$$\sqrt{(x_k-x_{k-1})^2+(f(x_k)-f(x_{k-1}))^2} > |f(x_k)-f(x_{k-1})|$$
$$= \frac{2}{(2k-1)\pi} + \frac{2}{(2k+1)\pi}$$

だから $(x_0, f(x_0))$ から $(x_n, f(x_n))$ までの折れ線の長さは

$$\sum_{k=1}^{n} \sqrt{(x_k-x_{k-1})^2+(f(x_k)-f(x_{k-1}))^2}$$
$$> \frac{2}{\pi}\left(1+\frac{1}{3}+\frac{1}{3}+\frac{1}{5}+\frac{1}{5}+\cdots+\frac{1}{2n-1}+\frac{1}{2n+1}\right)$$
$$> \frac{2}{\pi}\left(\frac{1}{2}+\frac{1}{3}+\frac{1}{4}+\frac{1}{5}+\frac{1}{6}+\cdots+\frac{1}{2n}+\frac{1}{2n+1}\right)$$

となるが，調和級数 $\sum_{k=1}^{\infty}=\frac{1}{k}$ は ∞ に発散することが知られているので，上式の右辺の和は n とともに限りなく大きくなるので，折れ線の長さも ∞，よって曲線 $y=x\sin\frac{1}{x}$ $(0\leq x\leq 1)$ の長さは存在しない．すなわち，点 $(0, 0)$ はこの曲線に沿っては無限の彼方にある．

アルキメデスは，このような危険を知っていて，円とか，放物片のように内接する折れ線だけでなく，外接する折れ線が存在するような場合にだけ曲線の長さを云々したのである．

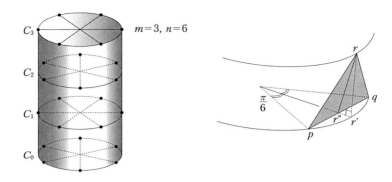

図2 円柱の側面積を求める

同様の問題は，曲面の面積を論じるときにも起きる．たとえば，図2のように（見やすくするため，高さを大きくしてある）

$$x^2+y^2=1 \qquad (0 \leq z \leq 1)$$

で定義される半径1，高さ1の円筒の側面積は2πであるが，この円柱を次のように提灯型にへこませた多面体を円筒に内接させて円筒の面積を近似しようと試みる．円筒上に等間隔に$m+1$個の水平な円

$$z=0, \quad z=\frac{1}{m}, \quad z=\frac{2}{m}, \quad \cdots, \quad z=\frac{m-1}{m}, \quad z=1$$

を描き，$C_0, C_1, C_2, \cdots, C_{m-1}, C_m$と呼ぶことにする．これらの円周を次のように$n$等分する．まず一番下の$C_0$を$n$個の円弧に等分し，これらの円弧の中点の真上に$C_1$の等分点をとる．

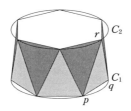

図3 2等辺3角形からなる多面体

すなわち，C_0 の等分点を π/n だけ回転してずらしたものが C_1 の等分点である．そして C_2, C_4, C_6 の等分点は C_0 の等分点の真上に，C_3, C_5, C_7 の等分点は C_1 の等分点の真上にとる．

これらの等分点を次のように線分で結ぶ．まず各円周 C_k の等分点を順に線分で結び，C_k に内接する正 n 角形を描く．次に C_k の等分点 p と隣接する等分点 q を円弧 $\stackrel{\frown}{pq}$ の中点の真上にある C_{k+1} 上の点 r と線分で結び2等辺3角形 $\triangle pqr$ を描く．こうして，円筒に内接する $2mn$ 個の同じ大きさの2等辺3角形から成る多面体 $F_{m,n}$ を得る（図3）．

この多面体 $F_{m,n}$ は H. A. シュヴァルツが考えたものだが，誰が命名したのか知らないが，日本ではいみじくもシュヴァルツの提灯と呼ぶ．

$F_{m,n}$ の面積を求めるため，まず3角形 $\triangle pqr$ の面積を計算する．底辺 $\overline{pq}$ の長さは $2\sin\dfrac{\pi}{n}$，高さは

$$\sqrt{\left(1-\cos\frac{\pi}{n}\right)^2+\frac{1}{m^2}}=\sqrt{4\sin^4\frac{\pi}{2n}+\frac{1}{m^2}}$$

だから面積は

III ギリシャ数学の魅力

$$\sin\frac{\pi}{n}\sqrt{4\sin^4\frac{\pi}{2n}+\frac{1}{m^2}}$$

である．したがって，多面体 $F_{m,n}$ の面積 $A_{m,n}$ は

$$A_{m,n} = 2mn\sin\frac{\pi}{n}\sqrt{4\sin^4\frac{\pi}{2n}+\frac{1}{m^2}}$$
$$= 2n\sin\frac{\pi}{n}\sqrt{4m^2\sin^4\frac{\pi}{2n}+1}$$

である．

n を固定しておいて $m\to\infty$ とすると，$A_{m,n}\to\infty$ となるから $\{A_{m,n}\}$ に上限はない．ここで，a を任意の正数として，$m=an^2$ という関係を保ちながら，$n\to\infty$ とすると

$$\lim_{n\to\infty}A_{an^2,n} = \lim_{n\to\infty}2n\sin\frac{\pi}{n}\sqrt{4a^2n^4\sin^4\frac{\pi}{2n}+1}$$
$$= 2\pi\sqrt{\frac{a^2\pi^4}{4}+1} > 2\pi$$

よって，任意の $A\geq 2\pi$ に対して，$A=2\pi\sqrt{\dfrac{a^2\pi^4}{4}+1}$ となるように a をとることにより，$m=an^2$ としながら $n\to\infty$ とすれば $A_{m,n}$ が A に収束することを示している．これは，曲面を内接する凸でない多面体によって近似することの危険性を示唆している．

アルキメデスの球面の面積，それに関連した仕事については拙著『続微分積分読本』(裳華房，2001)を参照されたい．

アルキメデスと球の体積

アルキメデスが一番誇りとした球に関する仕事を説明しよう．「球と円柱について」という論文の中で

「球の体積は外接する円柱の体積の $\frac{2}{3}$ に等しい」

ことを証明している．球の半径を r とすれば円柱の底面積は πr^2，高さは $2r$，体積は $2\pi r^3$ だから，球の体積は $\frac{4}{3}\pi r^3$ ということになる．論文の証明は完全に幾何学的だが，アルキメデスはエラトステネス宛の手紙で，その定理にいかにして到達したかの種明かしをしている．

シラクサの町をローマ軍の攻撃から守るために梃子の原理を応用して武器を作ったアルキメデスは，定理を得るためにも梃子の原理を使った．それをここで紹介する．

図1のように支点からの距離 a_1 のところに重さ m_1 の物を載せ，支点からの距離 a_2 の反対側に重さ m_2 の物を載せたとき，$a_1 m_1 = a_2 m_2$ なら秤はバランスがとれるというのが梃子の原理である．

図2で PQ を軸として円 $ODQD'$ と正方形 $EFF'E'$ を回転すると，球とそれに外接する（横たわった）円柱ができる．また長方形 $GHH'G'$ を回転すると倍の半径の円柱ができ，3角形 OHH' を回転して円錐ができる．

M は OQ 上を動く点と考える．$\overline{OM} = \overline{AM}$ だから，

III ギリシャ数学の魅力

$$a_1 m_1 = a_2 m_2$$

$$[m_1 : m_2] = [a_2 : a_1]$$

図1　梃子の原理

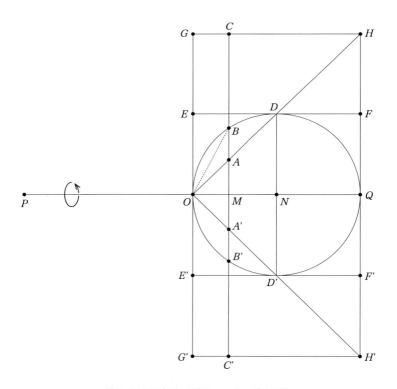

図2　円や正方形を回転してできる球や円柱

$$\overline{AM}^2+\overline{BM}^2=\overline{OB}^2 \quad (\text{ピタゴラスの原理})$$

一方，△OMB と △OBQ は相似だから

$$\overline{OB}^2=\overline{OM}\cdot\overline{OQ}$$

$\overline{OQ}=\overline{CM}$ だから，（：を比を表わす記号として）

$$[\overline{CM}^2:\overline{AM}^2+\overline{BM}^2]=[\overline{OQ}^2:\overline{OM}\cdot\overline{OQ}]$$
$$=[\overline{OQ}:\overline{OM}]=[\overline{OP}:\overline{OM}]$$

左辺は $[\pi\overline{CM}^2:\pi\overline{AM}^2+\pi\overline{BM}^2]$ としても比だから値は変わらない．ところで，$\pi\overline{AM}^2$, $\pi\overline{BM}^2$, $\pi\overline{CM}^2$ はそれぞれ，AA', BB', CC' を回転してできる円の面積である．それらを $K(AA')$, $K(BB')$, $K(CC')$ と書くことにすると，上の等式は

$$[K(CC'):K(AA')+K(BB')]=[\overline{OP}:\overline{OM}]$$

となる．POQ を O を支点とする秤と考えると

　　円 $K(CC')$ はそのままの位置に置き，

　　円 $K(AA')$ と $K(BB')$ を P のところに移せば

秤はバランスがとれるということである．

そこで M を O から Q まで動かして全部加えると，

　　円柱 ($GHH'G'$) をその重心 N に置き，

　　円錐 (OHH') と球 ($ODQD'$) を P に置けば

秤はバランスがとれるということになる．距離 $\overline{OP}$ は距離 $\overline{ON}$ の2倍だから梃子の原理により

III　ギリシャ数学の魅力

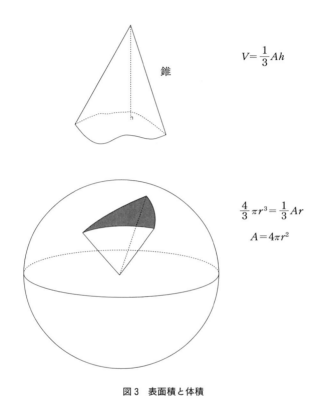

図3 表面積と体積

$$2(円錐(OHH') + 球(ODQD')) = 円柱(GHH'G')$$

となる(この式では「の重さ(体積)」という言葉を省略してある). 移項し, 円錐の体積が円柱の体積の $\frac{1}{3}$ であることを使えば(「ピラミッドとプリズム」の項を参照)

$$2\,球(ODQD') = 円柱(GHH'G') - 2\,円錐(OHH')$$
$$= \frac{1}{3}\,円柱(GHH'G') = \frac{4}{3}\,円柱(EFF'E')$$

こうして, 球 ($ODQD'$) の体積が円柱 ($EFF'E'$) の体積の $\frac{2}{3}$ であることを証明した. 次に球の表面を底とし, 中心を頂点, 半径を高さとする錐と考え (図 3 参照)

$$\frac{1}{3}(表面積 \times 半径) = 体積$$

という関係式から, 表面積が $4\pi r^2$ で, これは円柱の表面積 (側面の面積 $4\pi r^2$ + 両底面の面積 $2\pi r^2$) $6\pi r^2$ の $\frac{2}{3}$ である. すなわち, 球の体積を得た後で

「球の表面積は外接する円柱の表面積の $\frac{2}{3}$ に等しい」

という結果を得たとアルキメデスは言っている.「球と円柱」という論文では, 先ず, 表面積に関する結果を証明して, 体積についての結果を得ている.

実は, アルキメデスはこれ以上のことを証明している. 球を地球儀と考えたときの北緯 α 度から β 度の間の領域の面積を得ている. これについては「アルキメデスの墓碑に書かれた図形」の項で説明した.

III ギリシャ数学の魅力

IV

数学と教育

数学サークル

2007年夏から日本でも「数学月間」の会が発足した．これは，夏休みの7月22日から8月22日までを数学月間として，多くの人に数学に親しみ，数学を楽しんでもらうことを目的としている(因みに，22/7は円周率π，22/8は自然対数eの近似値になっている)．

「日本でも」と書いたのは，米国では1986年4月14日から20日までの1週間をMathematics Awareness Week(awarenessは認識という意味，以下MAW)とすることが議会上院の決議，続くレーガン大統領の宣言で始まり，1999年には毎年4月をMathematics Awareness Month(以下MAM)として，数学と数学教育の重要性を広く知ってもらう活動が続いていることを受け，日本でも，有志によって発足したMAMが，今では日本数学協会の公式行事の一つになっているのである．

米国では毎年テーマを決めて，「数学と遺伝子」，「数学と海洋」，「数学と美術」というように，数学と他の分野との関連を中心にいろいろ活動し，テーマに相応しいポスターを作製して宣伝している．

日本では，MAMに関連して，日本中あちらこちらで開催される講演会の多くが，主に高校生，高校の数学教師を対象にしているので，夏休みの期間に合わせたのは賢明である．こうい

う活動は，米国でも日本でも，ただちに効果が現われ，一般の人が急に数学に親しむようになるわけではない．いろいろな他の活動と一緒になって社会の数学に対する態度が変わっていくのである．

　日本数学会が，春，秋の学会の際に催す市民講座だけでなく，最近は1年を通して，あちらこちらの大学で数学の公開講座が開かれている．また，数学会が毎年優れた研究だけでなく，数学の普及に貢献した啓蒙書の著者を表彰するようになったのも大変結構なことである．第1回目の受賞者である小川洋子さんの『博士の愛した数式』は本屋大賞もとり，映画化された作品である．近頃いろいろな場所で定期的に開かれるサイエンス・カフェも好評判のようである．また，希望する中学校，高校に大学の先生がボランティアとして出前講義に行くのも全国に広がってきているようだ．こういった一連の行事，活動が協力して行なわれていくのが大切である．

　ここまで，数学の啓蒙活動について書いてきたが，数学の才能があり，数学が好きだという子供もいることに関連した話題をとりあげる．先に挙げた市民講座に来るような高校生はもともと数学が好きな生徒たちだろうが，市民講座のような1回限りの話では深いところまでは到達できず，ちょっと物足りない感じが残るのではないかと思う．そこで，アメリカのあちらこちらにある「数学サークル」を簡単に紹介したい．

　野球やサッカーのようにポピュラーなスポーツだと各学校でチームを作ることができるが，数学となると，サークル活動ができるほど生徒が集まる学校は少ない．しかし，学校単位でな

く，地区単位なら数学サークルも可能になる．実に100年以上も前にハンガリーで生まれた数学サークルは，ロシア，ルーマニアなど東ヨーロッパの国々に拡がっていった．大国ロシアだけでなく，東ヨーロッパの小国が，その国力以上に伝統的に数学に強いのはよく知られているが，これは数学サークルと無関係ではない．それらの国の数学者の多くが子供の頃，数学サークルに参加しているのである．

アメリカの数学サークルの歴史は浅く，1998年にカリフォルニアのバークレーにできたのが始まりである．ソヴィエト連邦が崩壊して暮らせなくなったロシアの数学者が大勢アメリカに移住してきたとき，バークレーのカリフォルニア大学でも，そういった一流の数学者を何人か受け入れるという幸運に恵まれたが，その人たちが，子供の頃の楽しかった体験を生かして始めたのがバークレー数学サークルである．そのあと，スタンフォード大学のあるパロアルト，サンフランシスコと拡がり，今ではアメリカのあちらこちらに数学サークルができ，National Association of Math Circles という全国的組織まである．

サークルの特徴はつぎのようなものである．
(1) 小学生から高校生まで誰でも無料で参加できる．
(2) 指導するのはボランティアの大学の数学の教官．
(3) たまに集まるのではなく，毎週2時間くらい集まる．2時間が集中力の限界．日曜に集まるサークルが多い．夏休みにはもっと頻繁に集まる．
(4) 生徒を小学校下級生，上級生，中学生，高校生と大雑

把に分けるが，相当する学年より上のグループに入る生徒もいるという融通性をもたせている．

(5) 市民講座のような1回限りの話ではなく，学校の講義のように系統的なもので，演習付きだが，学校の授業に飽き足らない生徒が，初めて一生懸命考えなければならないような内容である．高校生の部だと，数学オリンピックレベルの問題を考える．実際，数学サークルから国内数学オリンピックに出場する生徒も出る．その中から国際オリンピックにまで進む生徒もいる．

(6) サークルが集まる場所は，ボランティアの教官の大学の教室を使わせてもらう．簡単で費用もかからないうえ，心理的にも生徒たちは大学で勉強するというだけでも嬉しく，一生懸命になる．

サークルでとりあげる数学の内容は，ボランティアによってまちまちで，教育委員会のようなお役所が介入してこない点もよいと思う．数学好きの子供が他の数学好きの子供と出会い友達となる機会ができるのも数学サークルの副産物の一つであろう．

ネットで Math Circle を検索すると，これからサークルを立ち上げようという方に役立つ情報が得られる．

国際数学者会議(ICM)

　今では，ちょっと離れた所に行くのにも飛行機でというようになってしまったが，1960年代までは，まだ船と汽車の時代だった．長距離列車は煙を吐いて走る蒸気機関車で，電車は都会の中を走るものに限られていた．汽車という言葉を聞かなくなってもう数十年経つ．

　最近は学会，シンポジウムなど，初日は午後始まり，最終日は正午頃には終わるというスケジュールで行なうようになった．新幹線，飛行機のお蔭で，どこを会場にしても半日で来れるし，半日で帰れるようになった．

　何年か前に幾何のシンポジウムの記録を整理していて気がついたのだが，新幹線が走る以前には，仙台でのシンポジウムが終わると，ある数学者の実家が経営する温泉宿で1泊し，半分シンポジウムの続きのような飲み会という楽しみがあったようである．乗物の便がよくなって，よかったのか悪かったのか分からない．

　航空運賃も安くなり，数学の国際学会も世界中いたる所で催されるようになったが，船旅の時代には，4年ごとの国際数学者会議(International Congress of Mathematicians, ICM)以外には国際会議は非常に少なかった．

　ここでICMの歴史を見てみよう．クラインやカントルの提

唱で1897年にチューリッヒで開催されたのが最初で，記録によれば16ヶ国から計208人(その中にはロシアから12名，アメリカから7名)が参加したそうである．

1900年(明治33年)のパリでの第2回ICMには，日本からも藤沢利喜太郎(1861(文久元)-1933(昭和8))が出席した．藤沢は東大物理学科を卒業した後，1883年(明治16)から4年間，ロンドン，ストラスブルク，ベルリンに留学(ストラスブルクで博士号取得)した．また東大数学科充実のための視察もし，1887年に帰国した．これは2度目の渡欧であった．

東大数学科の卒業生名簿を見ると，1884年の最初の卒業生(1名)以降1898年に4人卒業するまでは毎年1人か2人しか卒業していない．そして1897年(明治30)卒業の高木貞治(1875-1960)が最初の世界的数学者である．当時，日本の数学者はこのように少なかった．

第3回ICM(ハイデルベルク，1904)，第4回ICM(ローマ，1908)の後，第5回ICM(イギリスのケンブリッジ，1912)にはロンドン・ロイヤル・ソサイエティ創立250年祝賀式参列を兼ねて，日本代表として藤沢は出席している．このとき藤沢は，シベリア鉄道でヨーロッパまで行っている．

第1次世界大戦のため，次のICMは1920年のICM(ストラスブルク)まで待たねばならなかった．そして1924年のICM(トロント)ではじめてICMはヨーロッパの外に出た．このトロントのICMは後にフィールズ賞で名を残すフィールズが組織委員長であった．第1次世界大戦の後遺症というべきか，ドイツとドイツ側だったオーストリア-ハンガリ，トルコなど

は 1920 年と 1924 年の ICM に出席を許されなかった．そのため，後にその 2 回の ICM は国際数学者会議の名に相応しくないという意見もあり，その後は会議の番号を付けず ICM Kyoto というように，地名を付ける呼び方になった．

そして，ボローニャ(1928 年)，再びチューリッヒ(1932 年)の後，オスロ(1936 年)で初めてフィールズ賞が授与された．受賞者はフィンランドのアールフォース(1907-1996)とアメリカのダグラス(1897-1965)であった．

第 2 次世界大戦による中断の後，アメリカのケンブリッジで 1950 年に 14 年ぶりに再開．当時のアメリカは赤狩りの最中で，共産主義者，そのシンパと見なされた人物には入国ビザがなかなか下りず，フランスのアダマール(1865-1963)と，その年のフィールズ賞受賞者となる超関数のシュヴァルツ(1915-2002)が引っ掛かり，ビザが発行されないならフランスの数学者は一斉に ICM をボイコットするという騒ぎにまでなった．

角谷静夫(1911-2004)は，この ICM で日本人としては初めての招待講演を行なった．角谷は戦前からイェール大学で教えていたが，戦争勃発とともに日本に送還され，戦後いち早くイェールに戻っていた．因みに，お嬢さんはニューヨーク・タイムズの書評の主筆である．数学者で角谷静夫の名を知らない人はいないが，アメリカのインテリで Michiko Kakutani の名を知らない人はいない．

ICM と私

　1954年のアムステルダムのICM（国際数学者会議）では小平邦彦(1915-1997)がフィールズ賞を受賞したのを知っている日本人は多い．このときは吉田耕作(1909-1990)が招待講演者だった．日本から彌永昌吉(1906-2006)，矢野健太郎(1912-1993)といった私の先生にあたる方々も参加された．私も含めてたまたまヨーロッパに来ていた人々も入れると日本人の出席者も少なくなかった．

　当時の私のことを少々書くと，その前年にフランス政府給費留学生として，パリとストラスブルクで学んでフランスを発ち，アメリカへ向かう直前だったので運良くICMに出席できた．

　1953年の8月の暑い日に，われわれ留学生はフランスの客船ル・ヴェトナム号で横浜港を出て，神戸，香港，サイゴン，シンガポール，セイロン，ジブチ，スエズに寄港しながら4週間後にマルセイユに着いたのであった．1室に3つの2段ベッド，計6人という扱いだったが，朝鮮戦争が休戦になり，ヨーロッパの国連軍が引き上げるときで，われわれは下士官クラスと同じだったように記憶している．

　音楽部門で選ばれた女性の留学生だけが飛行機でパリに飛んだ．とは言っても，当時は飛行機も船と同じようなルートで，給油を繰り返しながら行くのであった．われわれが航海してい

た頃,フランスの有名なヴァイオリニスト,ジャック・ティボーの乗ったエア・フランスの飛行機は東南アジア経由で日本に行くため,パリからニースに向かう途中で山に衝突してしまったというニュースが入った.

ロシア革命(1917年),帝政ロシアの終り(1918年),レーニンの死(1924年)の後トロツキーなどの追放(1929年)によりスターリンが実権を握ったので,1936年のオスロおよび1950年のケンブリッジのICMの頃はソ連はスターリンの専政下にあって,ソ連の数学者は1人も(招待講演者さえも)ICMに参加できなかった.1953年にスターリンが死んだので(と一般に考えられている),1954年のICMには,I. M. ゲルファント(1913-2009),A. N. コルモゴロフ(1903-1987)を含む4人の招待講演者ともう1人,計5人だけが出席できた.しかし,その後もソ連の数学者は自由に国外に出ることはできず1978年のヘルシンキのICMではフィールズ賞受賞者マルグリスさえも出席できず,このような状態は結局ソ連が崩壊するまで続いた.

アムステルダムのICMの後,私は船でアメリカに渡り,ニューヨークからバスで3日3晩走り続けて,シアトルに到着した.そしてシアトルのワシントン大学大学院に入学した.

ニューヨークへ渡る船のデッキで数学の本を読んでいた私を見て話しかけてきた男がいた.当時,ハーバード大学の大学院生で新婚旅行を兼ねてICMに出席し帰国するところだという.ともにリー変換群に興味を持っていたので話が弾んだ.彼が後にかなり有名になったリチャード・パレであった.彼は私の論文を引用してくれた最初の人でもある.その論文はストラスブ

ルクで書いて，船上で彼にその別刷をあげたものだった．

　1958年のエディンバラ，1962年のストックホルムに続く1966年のモスクワのICMから，フィールズ賞受賞者の数がそれまでの毎回2名から4名になった．匿名の寄付で基金が増えたからだそうである．

　1970年のニースのICMでは広中平祐がフィールズ賞を受賞した．ニースでは招待講演の形式が変わった．それまでは数少ない招待講演者と参加者の申し込みによる多数の短い(15分程度)話から成り立っていたが，ニースでは1時間の一般講演が全部で16，45分の招待講演が250ほど行なわれた．申し込みによる短い話はなくなり，その原稿を印刷したものが全員に配られた．加藤敏夫(1917-1999)の一般講演のほかに12人の日本人数学者による45分の招待講演があった．これらの講演者は，私も含めて過半数がアメリカ在住の者だった．

　この世代のアメリカ在住の日本人数学者は当時の日本の大学の給料だけで暮らすのが大変だったので，1,2年のつもりで来たアメリカにそのまま住みつくことになった人が大部分だった．日本の経済状態がよくなるにつれて，1,2年の研究でアメリカに来た人たちは期限になると帰国するようになった．それは結構なのだが，最近は研究集会に1週間くらい来る人はいるが，1,2年滞在するとか留学生として数年来るような若い人が非常に少なくなったのは問題である．

　ニースのICMの閉会式で，フィールズ賞の基金が乏しくなったので次回には4人に授賞できないかも知れないと警告があったが，実際1974年のヴァンクーバーのICMではボンビ

エリとマンフォードの2人だけになってしまった.

　私は1960年1月から1962年夏までブリティッシュ・コロンビア大学で教えていたので，久し振りのヴァンクーバーという懐かしさもあり，このICMにも出席した．このときは，日本人の招待講演者は45分の井上政久だけという寂しさだった．彼は当時30歳にもなっていなかった．

　数多くの45分講演という形は定着したが，申し込みによる短い話は復活した．これは，ICMに出席しても話をしないと旅費が貰えないという国が多いためであろう．

　どのようにしてフィールズ賞の基金を増やしたのかわからないが，次回の1978年のヘルシンキのICMからフィールズ賞が再び4人に与えられることになった．それだけでなく，1982年のICMから数理的情報科学の分野での仕事に対して与えられるネヴァンリンナ賞という新しい賞が授与されることが決まった．これは，ヘルシンキ大学がロルフ・ネヴァンリンナ(1895-1980)の栄誉を称えて基金を創ったもので，フィールズ賞同様，受賞者は40歳以下という制限がある．

　1982年に予定されていたワルシャワのICMはポーランドの動乱のため戒厳令が布かれ，翌1983年まで延期になった．

　1986年のバークレーのICMのときも，ソ連の数学者は出国許可が下りず出席できなかった人が多かった．大きくなり過ぎたICMに少しでも温かさをという理由(わけ)で，われわれカリフォルニア大学バークレー校の数学教室では，招待講演者を専門とか国籍などを考慮しながら手分けしてそれぞれの自宅へ食事に招待しようということになった．我が家でも15人ほど引き受

け，その方々の同伴者25人ほど加え，総勢40人ほど招待した．

　夏のバークレーは気候もよいし，夏時間で日も長いので，庭も使って立食形式でなんとか切り抜けた．数年して，ソ連が崩壊し，アメリカへ来たロシアの数学者の1人が，講演を頼まれたのも嬉しかったが，あなたの家のパーティに招かれたのは，自分たちのことを考えてくれている外国の数学者がいると知って非常に嬉しかったと言ってくださった．このときには涙が出そうだった．

　1990年は京都，アジアで最初のICMが行なわれた．非常に暑い夏だったが，広い国際会議場を使用したので，会場に着いてしまえば外に出る必要がなかったので楽だった．1989年にベルリンの壁が破られ，1980年代終りから崩壊し始めたソ連も1991年には完全に潰れるという時期だったので，1978年にフィールズ賞受賞者でありながらヘルシンキに来ることのできなかったマルグリスも京都では招待講演を行なうことができた．

　京都のICMについては，『数学セミナー』臨時増刊号(1991年2月)「国際数学者会議ICM90京都」が特に詳しい．1990年以前のICMについても少々書いてある．

　これ以後，世界が平和になったのではないが，ICMはそれまでのような政治的問題に煩わされることはなくなった．しかし，ICMが出席者4000人以上という規模になり，主催国の数学会はその費用を捻出するのに苦労することになった．政府から出るお金だけでは足りないから，企業から援助資金を募らなければならなかったが，京都のICMのときは，幸いなことに

日本のバブル景気はまだ続いていた．

1994 年には 3 度目のチューリッヒでの ICM．スイス経済は常に安定し，国民 1 人当りの収入も世界一．しかし強いスイスフランのためかえって 1990 年は経済が停滞していた．ICM の主催者はさぞ苦労したであろう．

1998 年ベルリン ICM のドイツもヨーロッパ一の経済力がある国だが，1990 年に東西ドイツの統一が成り，経済的に厳しい東側を背負い込んだ西側の 1990 年代の経済は大変だったようである．1978 年 3 月に東ベルリンのフンボルト大学で講演したが，ワイエルシュトラスが教えていた頃の黒板かと思えるほど古く傷んでいてチョークに力を入れてもなかなか書けなかった．

2002 年には再びアジアに戻って ICM は北京で催された．安い労働力と安い元(げん)を武器にして稼ぎまくる中国の景気はよく，そのうえ政府の命令に従わないと後が恐しいから中国企業は命じられたように寄付をし，そのため資金集めは大変でなかったようである．

西ヨーロッパでは比較的経済の苦しかったスペインも 1985 年頃景気がよくなったのか，2006 年のマドリッドの ICM はよいタイミングで開催されたといえよう．2007 年にはバブルが弾けてしまったのだから．

そして，2010 年には近年経済的発展の目覚ましく，数学の伝統も豊かなインドのハイデルバッドで，2014 年には韓国のソウルと，沈滞する欧米の経済に対し，アジアの重みが増してきていることが見てとれる．

よくフィールズ賞は数学のノーベル賞といわれるが，あまり知られていないのは，その賞金は1936年に始まってから，ずーっと1500カナダドル(現在(2013年4月)の為替レートでは15万円未満)，はじめて聞いた人は2桁違っているのではと思うような金額だった．数学者になる人はあまりお金に関心がなく，賞に伴う名誉を重んじるが，どこから寄付があったのか2006年から1桁上って15000ドルになった．

　車社会のアメリカでは，駐車する場所を見つけるのに苦労することが多い．われわれのバークレーの大学(カリフォルニア大学)でも，毎月高い駐車代を払っていても，朝早く行かない限り駐車できるとは限らない．大学側は教職員になるべく，バス，自転車，徒歩で通うよう呼び掛けている．

　1980年にチェスワフ・ミウォシュ(1911-2004)がノーベル文学賞を受賞した際，学長が大学に栄誉をもたらしてくださったお礼に何か大学としてできることはと尋ねたのに対し，冗談のつもりで，専用のパーキング場所があったら有難いと答えたら，瓢箪(ひょうたん)から駒が出るというか，ノーベル賞受賞者だけが駐車できる場所に札が立てられた．現在バークレーの大学には9人(物理5人，化学1人，経済3人)のノーベル賞受賞者がいる．すでに物故された受賞者はミウォシュの外に12人(物理4人，化学6人，経済2人)である．バークレーのサイクロトロンで次々と新しい元素が発見された時代に同大の研究者にノーベル化学賞が次々と与えられたのである．

　フィールズ賞は数学のノーベル賞だといわれていたのが幸いして，われわれ数学教室でもスティーブン・スメール(1966年

IV　数学と教育

受賞),ヴォーン・ジョーンズ(1990 年受賞),リチャード・ボーチャズ(1998 年受賞)の 3 人に同様の駐車場が与えられた.

数学者と政治家

　1979年から1990年まで英国の首相を務めたマーガレット・サッチャー(1925-2013)はオックスフォード大学の化学科卒業，ドイツの現首相アンゲラ・メルケル(1954-)は1973年から1978年までライプチッヒ大学の物理学科で勉強した後，ベルリンで1990年に物理の博士号を取得．量子化学に関する博士論文の他にもいくつかの論文がある．

　フランスには政治にかかわった数学者としてジョーゼフ・フーリエ(1768-1830)がいる．政治運動にいろいろ巻き込まれたが，だいたいにおいてナポレオンの側にいて，イゼール地方(グルノーブル)の"prefect"(知事のような地位)に任命されたりした．

　ピエール・シモン・ラプラス(1749-1827, 天体力学)も1799年にナポレオンによって内務大臣に任命されたが半年も続かなかった．

　エミール・ボレル(1871-1956, 測度論, 確率論)は晩年政治的なことに活発で，1924〜36年は国会議員，1925年には海軍大臣を務め，第2次大戦中はレジスタンスの一員でもあった．

　ポール・パンルヴエ(1863-1933, 非線型2階微分方程式)は第1次世界大戦(1914-1918)，及びその前後の内閣ができてはつぶれ，できてはつぶれる不安定なフランス第3共和制の時代に，

やはり短命の内閣総理大臣を2回(1917年9月12日-11月13日，1925年4月17日-11月22日)務めた．また第1次大戦の頃から長い間戦事大臣と文部大臣を務めた．

　ペルーの前大統領アルベルト・フジモリは米国ミルウォーキのウィスコンシン大学で数学の修士号を取得している．

　さて，日本に目を向けてみると，菊池大麓(1855-1917)は徳川幕府の命で1866年に11歳で英国の大学に留学，1870年に15歳でケンブリッジのセント・ジョンズ・カレッジで数学-物理の学士号を取得して帰国．東大総長を経て，1901〜03年には文部大臣を務めた．

　しかし，日本の数学者で本格的な政治家になったのは前広島市長の秋葉忠利(1942-)であろう．東京大学で1966年に数学の学士号，1968年に修士号を取得した後，マサチューセッツ工科大学(MIT)に留学，ジョン・ミルナーのもとで博士号を取得．専門はトポロジー．ニューヨーク州立大学のストーニー・ブルックで2年程教えた後，マサチューセッツのタフト大学で1972年から1986年まで教え，1986年に帰国．1986年から1997年まで広島修道大学で教えた後，1990年に社民党から出馬して衆議院議員に当選．1999年まで衆議院議員，1999年から2011年まで実に12年間広島市長を務めた．社民党員として，そして広島市長として，当然核兵器廃絶の立場を取り続けた．真面目に市の行政を行なったのであろう．12年間も続いたのだから……．

(未完)

数学教育

　小学校の算数は誰でも経験しているし，特に専門的知識がなくても論じることができるので，いろいろ意見を述べる人も多い．実際の経験に基づいた意見は結構なことである．

　それに反して，数学教育を職業としている人の言うことは用心して聞く必要がある．専門とする以上，何か新しいことをして論文を書かねばならない．現状に満足しているわけにはいかないのである．そのため現状を変えたら改善でなく改悪になる場合もある．

　たとえば，米国で New Math（新しい数学）というのが流行った時代があった．小学生に集合論を教えるのである．とは言っても，有限集合しか取り扱わない．元来，集合論というのは無限集合を調べるために生まれた学問なのだからまったくナンセンスな話である．子どもが8人，犬が8匹の絵があって，子どもと犬に一対一の対応を付けなさいというような問題がある．児童たちは，子どもの手から犬の首まで線を書くことに夢中になるだけで集合論なんか学ばない．その上，小学校の先生は数学を専攻したわけでないから，集合論を教えられるはずがない．概念を強調した新しい数学は計算もろくにできない子どもを作っただけに終わった．そのようにして育った子どもは大きくなって

$$5264205 \times 479474$$

のような掛け算をするとき，5264205 は約 5×10^6，479474 は約 5×10^5 だからだいたい 25×10^{11} と見当を付けることを知らないで，計算機に頼るから桁数を間違えるというような大きなミスをする．昔は対数を応用した計算尺というものがあって，エンジニアは掛け算，割り算をし，小数点の付く場所は上のような概算を自分の頭でやって見つけたのである．

　一方，日本では，つめ込み教育の反動か，「ゆとり教育」が導入され，小学校の数学授業のレベルが低下し，やがてその影響が中学生，高校生に及び，果てには「分数のできない大学生」という言葉で象徴されるように大学生の数学能力の低下を招いた．そして，入試から数学を落とす経済学部も現われた．しかし，「ゆとり教育」のもたらした最悪の結果は勉強しない大学生を作ったことであろう．日本の大学生が世界で一番勉強しないことはよく知られている．そのため外国では日本の大学の学士号は重く見られていない．

　数学は進歩のゆっくりした学問で，本の寿命も長く，よい微積分の教科書は 20 年も 30 年も使われる．私の世代の小学校の算数の教科書は 1930 年代，40 年代を通して使われた名著で，最近その復刻版が出版された．

　「ゆとり教育」による改悪で多くの人々の注意を引いたのは円周率を 3 としたことであろう．親の世代は皆 3.14 と教えられて育ったのでびっくりして当然である．小学 1 年生でも野球選手のイチローの今年の打率は 3.05 だとか話している．野

球を通して子どもたちは小数点以下2桁の数に親しんでいるのに，円周率3.14は難しいから3とするというのは実に馬鹿気た話である．

古代ギリシャの数学が他の文明の数学と非常に異なっていたことはすでに述べたが，数に対する考え方を古代インドの場合と較べてみよう．自然数1, 2, 3, 4, … が誰にとっても文字通り自然な数であるが，ギリシャ人にとっては特にそうだった．$\frac{3}{4}$, $\frac{5}{7}$ のような有理数は数というよりも，自然数の比と考えていた．$\sqrt{2}$ のような一辺が1の正方形の対角線を表わす数が発見されたときは困惑したが，結局彼らの数は現在の言葉で言えば代数的数に留まっていた．

定木とコンパスでは，与えられた線分の平方根は作図できても，3乗根はできないので，自然数から出発して彼らの幾何学的構成で得られる数は

$$\sqrt{a+\sqrt{b}} \quad (a, b は有理数，ただし b \geq 0, a+\sqrt{b} \geq 0)$$

のように，加減乗除と平方根を取るという操作を繰り返して得られる数に限られていた．幾何の立場から非常に重要な円周率がこのような数であるかどうかというのは，与えられた円と同じ面積を持つ正方形を作図せよという円積問題(ギリシャ数学の3大問題の一つ)に他ならない．この問題は19世紀末になって，やっと最終的に解決された．

係数が整数であるような多項式，たとえば

$$2x^4+5x^3-2x^2+3x-7 = 0$$

のような式の解を代数的数と呼び，それ以外の数を超越数と呼ぶが，1882 年にドイツのリンデマン (Ferdinand von Lindeman, 1852-1939) は円周率 π は超越数であることを証明して，円積問題を否定的に解決したのである．

一方，インドではすべての実数は(代数的とか超越的とかの区別なく)対等に扱われた．正の数だけでなく負の数も扱われた．それ以上に重要なのは零(0)の発見である．6 世紀頃インド人は 0 を発見することにより今日の 10 進法による計算に到達したのである．0, 1, 2, …, 9 という 10 個の数字だけで，すべての数を表わすことができるようになったのである．7 世紀までには，少なくともイスラムの世界ではインド式計算法がギリシャやバビロニアのものより巧妙で優れていることが理解され，アラブの商人が売買取引きに使うようになり，ゆっくりではあるがヨーロッパにも拡がっていった．

たとえば，25023 は日本語では

二万五千二十三

だが，一，十，百，千，万と 1 桁上がるたびに新しい単位名が必要になる．インド式だと二万の二と二十の二は位取りによって区別されている．日本式の書き方で計算するのは大変である．そろばんにこれを入れるのは，インド式に書き直すのと同じであり，そろばんを使って計算するのはインド式に計算するのと同じことなのである．ギリシャ式，バビロニア式や，インド式以外の他の文明における数え方は多かれ少なかれ，日本式と同様である． (未完)

後　記

昭七兄の思い出

小林久志

　生前，兄は『数学セミナー』誌などに随筆を時折寄稿したようだが，私は彼の死後初めてこれらを読んだ次第である．昭七は控え目な性格で，若い頃の思い出や体験談など，私たち弟にも話したりしなかった．彼の生存中にこれらの随筆を読んでいたら，もっと詳しい話を聞く機会があったのにと，残念でならない．兄は私が小学生の頃からのロール・モデル(手本)であり，教師であり，身近で最も尊敬する人物，いわば私のヒーロー的存在であった．

　昭七は小林久三，与志江の長男として，昭和7年1月4日に山梨県甲府市に誕生．両親は生後間もない昭七を連れて起業のために上京，杉並区高円寺で布団店を開業し，私に物心がついた頃には世田谷区経堂に店を移していた．昭七は子どもの頃から算数が好きだったらしいが，小学校5年か6年の時に「扇形から作れる円錐の体積を計算せよ」という宿題に戸惑ったようだ(図1)．1973年5月号の『数学セミナー』に次のように書いている．

　「私が自分なりに数学にめぐり会ったといえるのは，小学校の五年か六年の時に扇形を与えられて，それから作られる円錐の体積を求める宿題を出された時かと思う．家に帰って，いくら考えても円錐の高さがわからない．斜辺と底辺が与えられた直角三角形の高さを求めることができれば

よいというところまできて，どうにもならなくなってしまった．とうとう仕方がないので紙に三角形を書いて高さをできるだけ正確に測ってすませてしまった.」

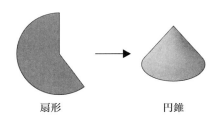

扇形　　　　　　円錐

図1　小学校での宿題の問題

「翌日，先生があの問題は無理だからやらなくてよいと言われたのでほっとしたが，どうも気になるので，休み時間に尋ねたところ，三平方の定理（ピタゴラスの定理とは呼ばない時代だった）というのを教えて下さったのが印象に残っている．そういう定理に証明があるとか必要だとかいうことを知らないから，いろいろな直角三角形の辺を測っては定理を確かめ，感心した．数学の一歩は，いい定理に感激することだから，これが私にとっては第一歩だったのかも知れない」（数学セミナー 1973 年 5 月号「きれいな定理に感激する」より）

　昭和 19 年後半になると，米国の爆撃機 B29 が世田谷区経堂の上空にも頻繁に飛んでくるようになり，警戒警報のサイレンが鳴るたびに，家の庭に掘った防空壕に近所の人たちと一緒に駆け込んだ記憶がある．母の話では，昭七は必ず数学の本を肌

身離さず持って防空壕に入ったという．既に数学が何よりも好きだったらしい．昭七は，昭和19年に世田谷区の千歳中学に入学．その当時の模様を次のように記している．

「私は戦争の終わりに近い頃，東京の千歳中学の1年生だった．千歳中学は軍事訓練（教練と呼んだ）に熱心で，新入生は軽井沢で一週間教練を受けた．4月の軽井沢は雪も残っていて，まだ寒かった．東京のどこかの大学が持っていた宿舎に泊まって雪道を行進するのだから，軽井沢の通常のイメージからは程遠いものだった．10人ずつくらいの班に分かれて，班長は成績のよい4年生か5年生で，高等学校，そして大学へと進むつもりの人たちだった．夜，宿舎に戻って班長と話しているうちに，中学を終えたら私も高等学校に進学しようと思うようになった．」（「中学時代の恩師　林宗男」『この数学者に出会えてよかった』数学書房より）

商家の長男として育った昭七には，高等学校へ進学しようという意識が12歳の頃は，まだはっきり形成されていなかったのだと初めて知り私は驚いた．同じ両親に育てられながらも，長男と三男とでは将来に描く自分の世界がかくも違うものだったのかと再認識した．

父は当時40歳くらいだったが運よく兵役には取られず，陸軍衛生材料廠に勤務することになった．その薬品工場が長野県南佐久郡に疎開した関係で，昭和20年の5月，昭七が千歳中学の2年生になって間もなく，我々一家は南佐久郡平賀村に疎開し，昭七は長野県立野沢中学校2年に転入した．当時昭七と同級生であった信州大学名誉教授内藤昇氏の話では，5年

生は軍需工場に動員され，3・4年生は県内の勤労奉仕でほとんど学校には不在，学校に残った1・2年生は幾人かの集団に分かれて，防空壕掘りや農家への勤労奉仕，疎開工場の敷地整備などに駆り出され，教室での授業はまったく行なわれなかったようだ．昭七は毎朝登校前にゲートルを巻くのに一苦労し，母に手伝ってもらっていた光景を私は思い出す．南佐久に疎開してから3ヶ月後の，8月15日に日本は終戦を迎えた．秋になって学校も徐々に落ち着き，教室での授業も再開されたと内藤氏は思い起こす．

昭七は4年生の時に林宗男先生という数学担当の優れた教師に出会い，数学への興味をさらに深めていったようだ．林先生は東京物理学校卒業後，名古屋大学の能代教室で関数論を研究されておられたが，結核を患い，医師の勧めで空気の良い長野県に移ってこられたのだった．恩師林先生に関しては上述の『数学セミナー』1973年5月号のエッセーにも述べている．

「林先生は放課後ずいぶん色々と数学を教えてくださった．行列や行列式の話などは全く魔法のように感じられた．解析幾何の問題が簡単になりびっくりした．そのころ，中学の数学に微積分のはじめが入ってきたばかりだったが，もちろん今の高校の微積分と同じで「与えられた $\epsilon>0$ に対し $\delta>0$ が存在して…」というような議論ぬきで極限，連続を教えることになっていた．しかし林先生は課外に，ϵ，δ の議論を丁寧に教えて下さったりした．はじめはなかなか意味がわからず職員室に二三回位同じ質問をしにうかがったことを覚えている．（中略）ときどき学校の帰りに先生

のお供をして本屋によることもあった．田舎の本屋だったが，竹内端三の関数論の本などが置いてあり，関数論という数学のあることも教えていただいた．空腹の連続といった時代だったが，先生から次々と新しいことを教えていただいたおかげで，楽しい毎日だった．」（数学セミナー 1973 年 5 月号「きれいな定理に感激する」より）

昭七にとって林先生との出会いがその後数学者を目指す大きな切っ掛けになったようだ．中学や高校時代に良き師に恵まれることの重要さを改めて感ずる．

中学時代の頃から昭七は弟たちの教育にも熱心だった．終戦の翌年の昭和 21 年，当時小学校 6 年の俊則と 2 年の私に NHK ラジオの基礎英語講座を毎朝聴いて勉強するよう指示した（ラジオ講座の講師は東京外国語大学の小川芳男教授であったと記憶している）．昭七は中学 4 年で旧制一高を受験し見事合格するがその辺の事情をこう書いている．

「生後数ヶ月からずっと東京で育った私は，東京に戻りたかった．昭和 23 年頃になっても東京は未だ戦災から完全には復興しておらず，住宅，電気，何もかも不足していたので東京に仕事のある人，東京の高校，大学に入学した人でなければ戻れなかった．父も単身東京に戻り，また商売を始める準備をしていた．当時の大部分の親と同様に，私の両親も高等教育をうけていなかったので，子供の進学のことは先生に任せていた．幸い，私の両親は家業を長男に継がせようというような考えを持っていなかったので，林先生が私に一高を受験するように勧めて下さったときには，

私は何も迷うことはなかった.」(「中学時代の恩師　林宗男」『この数学者に出会えてよかった』より)

　林宗男先生の勧めにより,本人も一高を目指す自信を得たようであり,両親も長男が一高・東大を目指す能力を持っていることを初めて知ったようだ.戦争で何もかも失った当時の両親にとって,昭七は大きな誇りと心の支えであったと思う.昭和23年秋に我々一家は長野での3年半の疎開生活に終止符をうち,吉祥寺の小さな借家に移った.昭七は一高の駒場寮から週末に家に来ると,私を古本屋に連れて行き,数学の本を私に買い与え,自分で勉強するよう指示した.昭和25年我が家は世田谷区の西太子堂に家を購入したので,吉祥寺での狭い借家住まいから開放され,昭七も寮を出て我々と一緒に住むことになった.昭七は渋谷の青山学院で夕方英語のクラスがあるのを見つけ,小学校6年生の私の入学手続きをしてくれた.中学校3年生用の"Jack and Betty"というテキストを使うクラスに入った.俊則兄が高校3年の時の父兄会の知らせに「母さんは俊則の大学進学に関して,先生から説明されても,良く分からないだろうから僕が行くよ」と言って,大学4年生の昭七が出席したこともあった.担任の先生もさぞかし驚いたろう.とにかく弟たちの教育に熱心な兄であった.私が友達と映画を観て夕方遅く家に帰ってくると「久志,お前は時間を無駄にしておる」などとしばしば叱られたことも今となっては懐かしく想う.

　昭七が旧制一高に入学した翌年の昭和24年に日本の大学制度は新制度に切り替わり,彼は新制第一期生として昭和28年3月に21歳2ヶ月で東大を卒業することになる.新制度では,

6-3-3-4で学年のスキップ制度がないから，学部を卒業する年齢は一番若くても22歳，旧制度では6-5-3-3だったから，中学5年目をスキップしても大学卒業時はやはり22歳だった筈である．制度の切り替えで1年得をした勘定になる．21歳で学位を得たということは若さが勝負である数学者として有利に働いたと思う．当時微分幾何学の研究のメッカはフランスであったようである．昭七は東大在学中アテネ・フランセや日仏学院の夜学クラスでフランス語を勉強していたので帰宅するのは家族が夕飯を済ませた後が多かった．電車の中でも数学を考えていたので「今日もまた駅を乗り越しちゃった」などということが度々だった．

東大での指導教官矢野健太郎先生は若い頃，フランス政府招聘の留学生として勉強されたので，昭七にもこの留学試験を目指すように勧められた．競争率が高いので，一度で合格するのは難しいから，まず練習のためにと学部4年生の時にトライしたら意外にも合格，本人も矢野先生も驚いたらしい．20歳という若さが試験官を印象づけたのだろう．フランスに1年留学したあと，兄はシアトルのワシントン大学に移る．後年私にプリンストン大学留学を勧めた兄が何故プリンストンやハーバードに留学しなかったのか，私はずーっと疑問に思っていたが，その辺の事情をこう記している．

「東大を卒業した年，1953年の9月から翌年の夏まで，私はフランス政府給費留学生として，パリとストラスブルクで勉強したが，その時，すでに米国でPh.D.を得られて1年フランスに微分幾何の研究にきておられた野水克己氏に

「まっすぐ日本に帰る代わりに，アメリカに留学したらどうか」とそそのかされた．ストラスブルクで得た結果を博士論文にまとめるにはもう1年くらいの時間が必要だったので，その気になり高次元ガウス・ボンネの定理を初めて証明したアレンデルファー教授のいるシアトルのワシントン大学と，同じ定理のもっとよい証明を見付けたチャーン教授のいるシカゴ大学に，大学院入学および奨学金について問い合わせると同時に，東京の矢野健太郎先生やストラスブルクのエールスマン先生に推薦状をお願いした．シカゴの主任教授の秘書から入学申込書が来たのとほとんど同時にシアトルのアレンデルファー教授(当時，教室主任)からいきなり助手に採用するという手紙が来たので，何も考えず，それにとびついた．」(数学セミナー1982年7月号「わが師，わが友，わが数学；アメリカ留学の頃」より)

ワシントン大学大学院入学後2年足らずの1956年6月に24歳でPh.D.を取得．プリンストン高等研究所，MITで2年間ずつ研究員を勤めた．1960年にカリフォルニア大学のバークレー校から助教授のオファーがあったが，J-1ビザ(交換留学生用のビザ)で米国に入国していたため，少なくとも2年間は米国外に出ねばならぬという規則に引っかかる．京都大学の数理研究所から誘いがあるから帰国するかも知れぬという昭七からの手紙を受け「長男のせがれがやっと日本に戻って来る」と父親は大いに喜んだ．しかしカナダのブリティッシュ・コロンビア大学に助教授のポストを見つけ，そこに2年間勤めた後，助教授のポストを2年間保留していてくれたバークレーに移

り，翌年副教授，3年後に正教授に昇進した．

当時日本の数学や物理学で著名な学者や新進気鋭の学者が数多く米国に渡り，「頭脳流出」が度々新聞や雑誌に報道された．そのような記事には後者の例として昭七の名前がしばしば書かれたが，父はそのような新聞を何部も買ってきては，親戚や知人に配っていた．控えめな性格の母は「お父さん，そんなこと，はしたないですよ」と咎めていたが，私は素直な父にむしろ共感を感じた．母は「お宅様のご長男素晴らしいですね」などと褒められても「鳶が鷹を産んだのよ」などと一言返す位で自慢話は一切しない性格であった．昭七の性格は母親譲りであろう．

数学以外の趣味といったら，子供のころは将棋，大学時代は囲碁，晩年になってからは推理小説を読むこと位だったようだ．アガサ・クリスティや松本清張等をよく読んでいたようだ．それ以外は寸暇を惜しんで仕事に専念したのも母親譲りだ．

以上幼少時代から Ph.D. を取得するまでの昭七の生い立ちを辿ると，高校進学を考える動機を与えてくれた千歳中学の上級生，昭七の才能を見つけ放課後個人的に指導して下さった長野県野沢中学の林宗男先生，フランス留学を勧めて下さった矢野健太郎先生，米国留学を勧めてくれた野水克巳氏，助手として採用して下さったアレンデルファー教授等多くの方々との素晴らしい出会いがその後 55 年余り数学者として活躍した昭七のエネルギーの源泉であったと思う．

晩年昭七は研究の傍ら，教科書や数学の歴史や啓蒙書，随筆等をエネルギッシュに書いたが，数学者への道を開いて下さった林宗男先生への感謝の思いがあったのだろう．一人でも多く

の若い人たちが彼の著作から数学への興味を持ってくれることを願わずにはいられない．彼が「数学つれづれ」と仮題をつけたこの随筆集の完成を見ずに寿命が尽きたのは無念であったろうが，病弱だった幼少の頃を思えば，80歳の高齢まで現役で活躍した彼は，正に天寿を全うしたと言えよう．陽気で楽天的な芦沢幸子さんと結婚し優しい娘二人，出来の良い孫二人に恵まれ，よき師，よき友を数多く持った素晴らしい人生であったと思う．

　このたび，東大名誉教授落合卓四郎氏，慶応大学教授前田吉昭氏のご尽力により，昭七の随筆集が発刊の運びになったことに，心より感謝する．また岩波書店の吉田宇一氏から，兄の思い出を綴るようにとの依頼を受け，ありがたくお引き受けした．日本評論社発行の『数学セミナー』誌の2013年2月号(小林昭七特集号)に書いた記事と重複する所が多いがご容赦願いたい．

1957年5月11日
シアトル市聖マルク聖堂で芦沢幸子と結婚

編者後記にかえて

落合卓四郎

　昭七先生(尊敬と親しみを込めてこう呼ばせていただく)は，2011年9月に岩波書店編集担当の吉田宇一氏から「岩波科学ライブラリー」シリーズへの執筆依頼を受けました．未完の2話(「数学者と政治家」「数学教育」)を除く原稿の第一稿が吉田氏に手渡されたのが2012年4月．そのまま，同年8月29日に昭七先生は急逝されました．

　昭七先生は「本を著作するときは，最初の原稿を用意し，1・2年それをもとに講義を行なって内容を深め，最終原稿を書き上げる」と話していたほど，原稿に対する思い入れが強く，筆も達者でした．敬愛する昭七先生の原稿をぜひとも世に出したい．とは言え，下図に示すように，400字詰め原稿用紙に清

書されているものの,ご自身の推敲,校閲を得ていないものを出版していいか.遺稿を前に私たちは悩み,実の弟である小林久志氏が来日した際,同氏を交えて前田吉昭,落合卓四郎,吉田宇一で出版の是非を話し合いました.この場で「ご遺族の了解をいただいて出版することは昭七先生のご遺志に添うことになるだろう.責任は私たちが持つ」と意見が一致し,出版の運びとなったわけです.まずはこのことを昭七先生にお許しいただきたい.そして,読者の皆さんにこの経緯をご理解いただきたいと思います.

　[追記]　出版に先立ちゲラ刷りが上がって2週間を経た頃,ご家族から「数学者と政治家」「数学教育」との標題のある2編の手書き文書を見つけたとの情報がもたらされました.急遽ファクスで送付していただいたところ,確かに本書のための原稿用紙に起こす前の下書きであることがわかりました.私たちはこの2編を本書に収録するかどうかを検討し,私たちの責任において「未完」の文言を末尾に加えて収めることにしました.

　"昭七"という名が示す通り,生まれは昭和7年.第2次世界大戦直後に発足した新生東京大学の第1期生で,卒業後にフランス政府給付留学生としてパリ大学・ストラスブルク大学で研究に励み,現代幾何学の基盤となる「接続の幾何とその変換群」(後に学位論文となる)を発表しました.その業績が評価され,アメリカの大学に移り,そのまま永住することになります.ガウス,リーマン,カルタンなど現代幾何学の系譜につながるチャーンの協力者として,カリフォルニア州バークレーのカリフォルニア大学バークレー校において,そこを,いわば幾

何の国際的センターに育てあげることに尽力し功績を挙げられました．

バークレー校は世界から多くの研究者を受け入れており，日本からも多数の研究者が短期にあるいは長期に滞在していました．昭七先生は彼らの良き相談相手であり，奥様とともに生活の面倒まで見ることもありました．私もお世話になった一人です．昭七先生は，昼食後キャンパスに隣接するドラッグストアでニューヨーク・タイムズを買い求め，100ページを超える同紙をオフィスで目を通すのが日課でした．それと，温かい人柄，国際舞台での多くの研究者との交流，社会・文化・歴史まで目を向けた幅広い教養，すべてが土台となって，開かれた数学観，人柄が醸成されていったのではないでしょうか．

昭七先生は1954年の処女論文を始めとして，最近まで毎年欠かさず論文を誌上に発表してきました．合計134編以上になります．このうち単著論文が85編，共著論文が49編で，共著論文が比較的多いことも，昭七先生のオープンな人柄と数学的包容力の大きさを表わしています．単著論文では，短編を多く執筆しています．いずれも内容が深く豊富で記述が透明で理解しやすく，私にとって神からの託宣のように思えました．これらの短編は，歴史的経緯・発展・展開を含めて再構成され，13編の長編の英文学術書として出版されました．数学の専門家をめざす大学院生の学習に資するように深く配慮された労作と言えます．

このほか，13冊の数学にかかわる邦文の教科書と少なくとも6冊の啓蒙書を出版しています．啓蒙書は高等学校レベル

の数学知識があれば理解できる内容で，それぞれの著作で取り上げている数学のテーマの歴史的出自と発展もあわせて紹介しています．ユークリッド，アルキメデス，ディオファントス，フェルマー，オイラー，ガウスなど，現代数学の系譜につながる偉人たちを扱い，数学にスポットをあてた伝記読み物としても楽しむことができるでしょう．さらに，私の知る限り，数学にかかわるテーマで1965年頃から30編以上の短編エッセイを邦文雑誌に寄稿しています．

以上のことからも，この本に書かれていることはこれまでの論文や著作のいわばエッセンスと言えるわけですが，恐らく昭七先生はそういう洒落た言い方は好まないでしょう．吉田氏に原稿を渡す際に，「はっきりとしたテーマもなく，色々な短い話の寄せ集めで，"数学つれづれ"です」とメッセージを添えられています．まさに「つれづれなるままに……」，老境に入り，ご自身の研究や思うところを自由気ままに語りたい，そんな心境で筆を執られたと私は思います．

＊　　　　　＊

さて，昭七先生はこの本でどんな思いを伝えようとしたのか．それを私たちはどう理解し，この本を編集したのか．このことについて述べておきたいと思います．

まず，小林久志氏の話を紹介しましょう．

「数学の歴史や偉大な数学者に関する逸話に，一高時代から興味があったようです．恋人の奪い合いで，決闘の末，恋敵のピストルで20歳で世を去ったフランスの天才数学者ガロアの話は，私が小学生の頃に昭七から聞かされまし

た．晩年，教科書，解説書，解説記事などを日本語でかなり書いていました．そのために，数学の歴史をだいぶ勉強したと申しておりました．この原稿は，その際に集めた資料から，子どもや数学の知識のない人でも比較的に理解しやすいものを選んだと思います．自分が小学生や中学生の頃にこんな解説書があったら良かったのに，という思いで書いたのでしょう」

「つれづれ」という言葉を用い飄々とした印象がありますが，短い話の一つひとつに，昭七先生の深い洞察と特に若い読者の皆さんへの大きな期待を感じずにはいられません．そこで，「I 数学つれづれ」には昭七先生の真髄である純粋数学に係る話，「II 数学史余聞」には偉大な数学者たちの逸話・裏話を集め，読者の皆さんの興味を惹き昭七ワールドへ誘うように試みました．「III ギリシャ数学の魅力」は，現代純粋数学に大きな影響を与えたギリシャ数学に関する啓蒙的な作品群です．今日の純粋数学を特徴づける「普遍的な公理的論証数学」(本書 65 ページ)は，ギリシャ文明において特異的に生まれたものです．中でも，ユークリッド幾何は，「論証とは何か」を学ぶ普遍のテキストであり，近代に至るまで知識人の必須の重要な教養だったと言えます．昭七先生は，古代から現代に至る純粋数学史からの視点を数学的活動の根底に持っていたのではないでしょうか．ユークリッド，アルキメデス等々，「普遍的な公理的論証数学」に基づく偉大な数学者の業績と，近代数学の輝かしい成果とのつながりの本質をわかりやすく紹介しようとした意図が窺えます．

昭七先生はこの本で数学の歴史に焦点を当てています．数学教育現場における数学史からの視点の重要性をかねてから強調されてきました．『微分積分読本』(裳華房)の出版に際しての編集者との対談で，次のように述べています．

「(数学の進化の)歴史というのは教科書に書かれているのとは逆に進んでいるのです．こういうことも学生さんたちにわかってほしくて歴史にも触れました．微分積分に限らないと思いますが，数学を勉強するときにはぜひ数学史も一緒に勉強してほしいと思います．数学は厳密性を追求するあまり，講義や教科書でも歴史的なことに触れることは殆どないように思います．しかし，"この概念はどうして生まれたのか"といった歴史を知ることでより深く理解できると思うのです．学校の先生になる人たちにはぜひ数学史も勉強してほしいですね」

　このあとがきの冒頭でも述べたように，「Ⅳ 数学教育」は未完であり，国際的な高等数学の教育者・研究者としての豊富な経験を活かした主張が展開されたであろうと思うと残念でなりません．正鵠を射た考察が披瀝されたことでしょう．すでに，第Ⅰ部の「純粋と応用」の中で，「(数学研究者は)社会に対する返礼として，少なくとも次の世代を育てるための教育に真面目に力をつくさねばならない」と，伝統的に研究至上主義に陥りがちな研究者に警鐘を鳴らしています．また，過去のエッセイの中でも，わが国の高等数学教育についての懸念が述べられていますので，雑誌『数学セミナー』に掲載されたエッセイから幾つか紹介したいと思います．

編者後記にかえて

「15歳ぐらいで大学に入る学生もときにはいるから，入試準備のむだな勉強をしている日本の高校生より，少なくとも秀才に関する限りは，早くからいい教育をうけるという恵まれた状態にある」（アメリカのカレッジ数学）

「日本のように，どんなに出来る人でも27歳以上にならないと博士になれない制度は何とかしないと，日本の数学・科学の進歩の大きな障害になるだろう．アメリカの一流大学の数学の先生たちの間では普通より2年ぐらいはやく大学を卒業したとか，博士課程を2年か3年で終えたというのは珍しくない」（スタンフォード最年少助教授）

知識基盤社会，グローバルな競争社会の到来，高度情報化，少子高齢化の進展と，私たちを取り巻く環境が大きく変化する中で，人材育成の重要性がいっそう喧伝されています．一方で，若い世代の数学・理科離れ，大学生の学力低下が懸念されています．期待の大きい「IV 数学教育」を補完するため，「前期課程数学の外部評価報告書（東京大学）」を本稿の末尾に関係者の許可を得て掲載したのも，昭七先生の高等数学教育に関する主張を幅広く紹介したいと考えたからです．東京大学教養学部に対する提言ですが，高等数学教育におけるクラス編成やカリキュラムについての示唆に富んだ記述は広く参考になるでしょう．この本が，若い読者への啓蒙書であると同時に，私たち研究者・教育者，そして先生方へのエールとなれば幸いです．

* *

終わりに，昭七先生の鋭い洞察を象徴するような話しを紹介しましょう．今やインターネット，ソーシャルメディアが学校

教育現場に大きな影響を与えていることは周知の通りですが，昭七先生は実に 1966 年にこのことを予想するエッセイを『数学セミナー』に発表しています．

「計算機が一番大きな影響を与えるのは教育の分野であろう．機械的，非人間的なマス・プロダクションと悪口を言われている現在の教育が，計算機の進歩により逆にもっと"人間的"なるものに変化するだろう．今日 Teaching Machine と呼ばれているものが，さらに進歩することにより，生徒一人ひとりの才能に応じ，テンポを合わせて教育することが可能になり，あたかも個人教授をやっているような状態になるだろう．10 年後に存在するだろう種々の仕事の半分は現在存在しない新しい職業だろうと予想されているので，将来の人間は一生に 2 回か 3 回職業を変える必要ができ，一生新しいことを習い続ける状態がおき，ますます計算機による学習が重要になってくる．恐ろしいような話である」(計算機化された時代)

これからさらに 10 年後，20 年後の将来を，昭七先生は未完の原稿の中で示唆しようとしていたのでしょうか．今となっては知る術もありませんが，昭七先生が遥か彼方の世界で今なお書物を読み，思索に耽る姿が目に浮かびます．神の見えざる手の如く，この本を読み，研鑽に励む皆さんの心の中に，必ずや昭七先生の声が届くであろうと信じています．

出版を快く承諾してくださったご遺族の皆様，その労をお取りいただいた小林久志氏，そして前田吉昭氏，吉田宇一氏の編集に携わった各氏に心より感謝申し上げます．

私たちの知と心の灯であり続けた昭七先生，本当にありがとうございました．

　[付記]　これは，小林昭七による最初で最後のエッセイ集である．しかし，彼は雑誌『数学セミナー』(日本評論社)をはじめ各ジャーナル誌に 30 以上のエッセイや報告記事を発表している．本書のいくつかの話題は，既に刊行された書籍のなかで議論されたトピックとも関係している．とくに，彼自身が 1 つの章「数学」を担当したエッセイ集『いまを生きるための教室——美への渇き』(角川文庫)や，「中学時代の恩師　林宗男」について書いた『この数学者に出会えてよかった』(数学書房)，単著『なっとくするオイラーとフェルマー』(講談社)など参考のために挙げておく．関心のある読者は，ウェブサイト www.jp.ShoshichiKobayashi.com に彼の執筆リストを掲載しておいたのでご覧いただければ幸いである．

《資料》

前期課程数学の外部評価報告書(一部抜粋)

小林昭七(カリフォルニア大学バークレー校, 1997 年 7 月)

前期課程の数学

前期課程の数学を取る学生はその目的で次の三つのグループに分けられる.

(A) 数学を創るグループ

まず,数学,物理,天文といった専門に進もうと考えている学生は当然ながら好きで数学を勉強している.教える立場からすると,ギリシャ以来の精神的遺産とも言うべき数学を引継ぎ,さらに大きくする次世代の若者を育てるという意味で一番教え甲斐のあるグループである.

(B) 数学を使うグループ

大部分の学生は理学部の他学科,工学部,経済学部,医学部,薬学部,農学部などに進むために必要だから数学を取る.これらの学生の中には数学も好きだし得意だというものから,数学を必要悪と考えているものまでいろいろいる.

(C) 教養として数学を学ぶグループ

これは主に,数学は必修ではないが,総合科目の一部として数学を選択する文系の学生からなる.

このように数学のコースを取る動機,理由,また数学の知識,才能もいろいろ異なる学生に同じ数学を教えるわけにはいかないのは当然で,平成 5 年(1993 年)のカリキュラム改革で前期課程の数学カ

リキュラムも多様化, 改善されている. しかし, 残っている最大の問題点は学生が理科 I 類か II, III 類か, あるいは文科系かということで取るべき, あるいは選べる数学のコースに強い制限が付いてしまい, 選択の自由度があまりないということである. そのために, 1, 2 年の必修の数学の内容を既に良く理解している優秀な学生まで必修という理由で退屈なコースを取らされ, 足を引っ張られ, その一方, 理科 I 類の学生は誰でも高校 3 年までの数学の知識を必要とするコースを取らされるため講義についていけない学生もいるという矛盾を生じている. 後で述べるように工学部からの報告によれば工学部に進学した多くの学生が前期課程の数学をほとんど理解していない. 私も数学の演習を参観してみたが, 教室の前の方に席を取って演習に活発に参加している学生がいる一方, 後ろの方には, ついていけない者もかなりいるという感じを受けた. それにもかかわらず皆落第もせず専門課程に進学しているのは不思議だが (後でその辺の仕組みを説明してもらって不思議でなくなったが), 形式上は落第しなくても, 講義を理解していないという意味ではかなりの学生が落ちこぼれているわけである.

数年前から大学 3 年終了で大学院に進むことも可能になり, また 10% 程の学生が後期入試により一般とは異なる基準で (例えば, 高校 3 年の数学を取らずに理科 I 類に) 入学するようになり, その上, 近いうちに少数とはいえ高校 2 年終了で飛び入学してくる学生もでてくる. このように大学の入口と出口を柔軟にしても在学中のコースの選択を目的, 能力に応じたもっと自由なものにしなければ無意味である.

逆にできない学生の場合, 自分の能力以上の難しいコースを取らされほとんど理解できないということになるよりは易しいコースを取ってその内容を 3 分の 2 でも理解したほうがよい. ある程度の

水準を保つため，演習でやるようなレベルの問題でなく工学部で第4学期のはじめにやるような非常に易しいレベルで前期課程の数学をまとめた試験を第3学期の終わりに進学予定の学部別に行ない，あまりひどい成績を取った学生は留年させるべきではないかと思う．落第ということに社会的制約があるかもしれないが，ほとんど何も理解していない学生をパスさせ進学させるのは無責任である．数学という学問の性格上前期課程の数学は前期課程で習得しておかなければ後でますます困ることになる．

私の主張したい点を簡単に述べると：

「基準とされているコースよりも進んだ難しいコースを取る知識と能力を持った学生にはそのようなコースを自由に取ることが許され，知識や能力が十分でない者は教官が適当と認めた少し易しいコースを取ることを許されるべきである．」

一方，「専攻分野別に最低レベルの数学を習得しなかった者は留年させる．」

1 数学，物理，天文に進む学生

このグループのために一クラスを作って，そこでは理論的に進んだ数学を教えることを提案する．その中でも特に数学に秀で，1年生，時には2年生程度の数学は既に十分マスターしている者はもっと上級のコースや全学自由研究ゼミナールで必修の単位を取っても良いとする．

いま数理科学科の大学院にいる学生に尋ねてみたところ，前期課程のとき必修の数学は聴いても無駄だから授業には出席せず試験だけ受けたというのと，授業は真面目に出るものという高校以来の習慣で一応出席はしたが時々先生が(数学的に)面白いことを言う時を除いては退屈だったというのかどちらかで必修のコースが丁度よか

ったという者はいなかった．

　最近，大学3年終了で大学院に入れるようになったり，また高校2年終了で大学入学が数学，物理に特に秀でた学生に許されるようになるといわれているが，それよりも現在の授業に飽き足らない学生に無駄な足踏みをさせず可能な限りの速さで進ませることのほうが先決問題であろう．これは文部省には関係なく駒場の教養学部だけで解決できる問題である．現に外国語の場合，例えばドイツ語を何らかの理由でかなり知っている学生は初歩のコースを飛ばしてもよいことになっている．同じことが数学の場合にできない筈はない．

　駒場では，小学校以来のクラスという概念が存在して，同じクラスの学生は必修の科目を一緒に取るようになっている．そしてこのクラスが外国語を中心として組まれているという信じられない状態は未だに明治以来の翻訳文化的考えが大学の一部を支配しているからだろうか．それとも，すべてをクラス単位でやるのが事務整理の点で便利だからなのか．もしそれが理由だとすれば本末転倒も甚だしい．学生が将来専攻するのに大切な講義をまず選び，それらの空き時間に外国語を入れるべきである．

2　大部分の数学を必要とする学生

　理，工，医，薬，農，経済学部などに進学する学生には前期課程で4ないし8単位の必修の数学がある．これは理科の学生全部と文科II類の学生を含むから膨大な数である．上に述べた数学，物理，天文専攻の学生を除けば，これらの学生は大体において必要だから微積分や線形代数などのコースを取る．もちろんこの中にも数学の好きな学生もいる．これらの学生のために開講する膨大なコマ数のコースは米国で使われている表現を用いればサービス・コース

と呼ばれるものである．これは数理科学研究科が他の学部，学科のためにサービスとして教えるという意味である．

　昔から数学はよく音楽や美術と比較されるように美を追求する学問である．「美しい理論，美しい定理」と言うのが数学では最高の賛辞である．一方，数学は自然科学，工学などで有用であるという面も持っている．好むと好まざるとに関係なくこの有用性の面が近年大きくなってきている．1960年代に米国で「第1次大戦は化学の戦い，第2次大戦は物理の戦いだったが第3次大戦は数学で勝負が決まるだろう」と不穏なことを言う人もいたが，国際経済戦争では確かに数学の役割が大きくなってきている．コンピューター産業でも競争はハードウエアからソフトウエアに移りつつあるし，数学的アルゴリズムを特許権で押さえることの是非が問われている．また，暗号解読の分野でも数論の最先端の理論が使われている．

　このような国際社会で生き延びていくためには，必要な数学を使いこなせるようなエンジニアを育てる責任の一端を数学者も担わなければならない．工学部では1980年代の初頭から工学部に進学したばかりの学生の数学の知識と能力を非常に信頼できる方法でテストしてきているが，その成績は次第に下がってきていて（数学的表現で単調減少の状態で），抽象的な概念の理解ができていないのは仕方がないとしても易しい微積分の計算さえも満足にできないという非常に愁うべき現状である．これが少なくとも日本で一番良いとされている工学部の学生の現状であるというのは国家的問題である．

　これを何とかするには数理科学研究科がサービス・コースを教える責任をさらに強く自覚して，工学部など他学部，他学科の教官と協力してカリキュラムをもう一度見直す必要がある．幸いなことに4年前とは違って数理科学研究科には他学部，他学科出身の教官もいるので，そういう人の意見を取り入れてカリキュラムを見直すの

が良いであろう．

　現在，理科 I 類の学生用の微積分には理論を重んじる A コースと，計算と応用を強調する B コースの2種類あるが，A コースを数学，物理，天文の学生用として今よりレベルを上げ，B コースは今以上に計算力を付けることに徹したらどうかと考える．もっとテクニカルなことは後で述べる．

3　経済学部へ進む学生

　ある意味で彼らの前期課程における数学教育は中途半端である．彼らは医，薬，農学部に進む学生と少なくとも同じぐらい数学を必要とする筈である(そうは思わない人も経済学部にはいるようだが)．一方，文科には高校2年までの数学しか知らない学生も入学してくるので，文科の学生用の微積分は事実上初歩的なところから始める．しかし経済学部に進むのに必要な数学の単位は理科 II 類の学生の場合の半分で良いとされているので，少なくとも理論経済をやろうという学生には今のままでは数学の準備は不足である．工学部で行なっているような数学のテストをして現状を調べてみるとよいかと思う．

　いろいろ考えてみたが，高校2年の数学までしか取らずに入学してきた1年生に1学期一つの数学のコースだけで経済学部で必要とする微積分と線形代数を教えることを数理科学研究科に望んでも無理である．文科 II 類の入試の数学のレベルを見直し，また経済学部に進学するための前期課程の数学の必修単位を増やすことを考えるべきである．しかし，これは東大の経済学部の内部の問題も絡んで複雑であることは承知している．ここでは経済学者でない私がこれ以上言うのは差し控えるが，数年前に物理学科や数理科学研究科に対して行なったような外国の学者も交えた外部評価を経済学

部でも行なってそのような問題も検討するのがよいのではないだろうか.

4 数学が必修でない文科の学生

彼等は総合科目の D(人間・環境), E(物質生命), F(数理・情報)の3系列の中から2系列以上にわたり8単位(大体において4科目)取ることになっている. すなわち数学を全く取らないでもすむ. したがって, 数学を取る学生は自分の意志で選ぶのである. そういう学生を教えるほうが, 仕方なく数学を取っている理科の学生を教えるよりも楽しい.

文科の学生は現在4種類(微積分, 線形代数, 現代数学の基礎概念, コンピューターを用いた数学)のうち, どれを取っても差し支えないことになっているが, 将来微積分や線形代数を使わない学生なら少しばかりそのようなことを学ぶよりは数学史から面白いトピックを選んで勉強するのもよい(F. クライン著『高い立場からみた初等数学』, L. ホグベン著『百万人の数学』とか志賀浩二著『数学が育っていく物語』, H. ワイル著『シンメトリー』等は良い題材になる). 現にこの夏学期の文系の数理科学 III を聴講してみたが, まさにそのような講義で出席率も良いようである. 私が聴講した日は群論の話で壁紙のデザインにまで話が及び, さらに興味ある学生にはワイルの『シンメトリー』を勧めていたが同感でこのようなコースにはぴったりの本である.

このようなクラスによって数学を楽しみ数学に親しみを持ち, 上に挙げたような本を自分ですすんで読むような大人を育てることは大切である. クラシックの音楽を理解するような顔をするが話が数学に及ぶと数学に関して無知であることを恥じとせず, むしろ自慢するようなインテリが多い. そのような親に育てられた子供が数学

離れ理科離れしても不思議はない．米国で女性の数学者の親(特に父親)は理工系の仕事をしている場合が多いという統計がある．先の先まで考えると文系の学生には数学のクラスは楽しかったという思い出を持って卒業してもらうことが大切である．

小林昭七　略年譜

1932（昭和7）.1.4	山梨県甲府市生まれ
1953（昭和28）	東京大学理学部数学科卒業
1953-1954	パリ大学およびストラスブルク大学留学（フランス政府招聘奨学生）
1956（昭和31）.6	ワシントン大学にて博士号取得
1956-58（昭和31-33）	プリンストン高等研究所研究員
1958-60（昭和33-35）	マサチューセッツ工科大学研究員
1960-62（昭和35-37）	ブリティッシュ・コロンビア大学(カナダ)数学科助教授
1962-63（昭和37-38）	カリフォルニア大学バークレー校数学科助教授
1963-66（昭和38-41）	同副教授
1964-1966（昭和39-41）	アルフレッド・スローン・フェローシップ受賞
1965（昭和40）.3-6	東京大学客員講師
1966（昭和41）.4-6	マインツ大学(ドイツ)客員教授
1966-94（昭和41-平成6）	カリフォルニア大学バークレー校数学科教授
1969（昭和44）.7-8	ボン大学(ドイツ)客員教授
1970（昭和45）	マサチューセッツ工科大学客員教授
1972（昭和47秋）	メリンランド大学客員教授
1977-78（昭和52-53）	グッゲンハイム・フェローシップ受賞，ボン大学客員教授
1978-81（昭和53-56）	カリフォルニア大学バークレー校数学科主任
1981（昭和56秋）	日本学術振興会フェロー(東京大学)
1987（昭和62）	日本数学会・第一回幾何学賞受賞
1990（平成2秋）	日本学術振興会フェロー(北海道大学)
1992（平成4）	アレキサンダー・フォン・フンボルト賞(ドイツ)受賞
1992（平成4）.7-12	カリフォルニア大学バークレー校数学科主任代理
1994-2012（平成6-24）	カリフォルニア大学バークレー校数学科名誉教授，兼同大学院教授
1999-2012（平成11-24）	慶應義塾大学客員教授(非常勤)
2012（平成24）.8.29	心不全のため死去，80歳.

■岩波オンデマンドブックス■

顔をなくした数学者──数学つれづれ

2013年7月30日　第1刷発行
2019年6月11日　オンデマンド版発行

著　者　小林昭七（こばやししょうしち）

発行者　岡本　厚

発行所　株式会社 岩波書店
　　　　〒101-8002　東京都千代田区一ツ橋2-5-5
　　　　電話案内　03-5210-4000
　　　　https://www.iwanami.co.jp/

印刷／製本・法令印刷

Ⓒ 小林幸子 2019
ISBN 978-4-00-730890-1　　Printed in Japan